源流の集落の息づかい

岩手県住田町土倉をみつめて

大須眞治

▲気仙川の源流近く(1)。

▶気仙川の源流近く(2)。

▲土倉集落をめぐる鹿除けネット。

▼土倉集落の農道。

▲土倉集落の秋。

▶藤井家の米の取入れ(1)。手前、藤井家のお婆さん、奥、藤井洋治さん。

▲藤井家の米の取入れ(2)。手前右、藤井剛さん。

▲初春の土倉。芝焼きを準備したが、雪で中止。

▲五葉山火縄銃鉄砲隊。演武の後、鉄砲隊とゼミ卒業生他。

▶寒倉鹿踊り。

▲藤井家でのバーベキュー、藤井家の方々とゼミ卒業生。

▲お婆ちゃんのだんご作り。

▲住田町役場新庁舎、木造地上二階建、耐力壁軸組工法・レンズ型木造トラス構造、設計・施行費12億4,800万円、平成26年7月完成。

岩手日報

住田町庁舎全国2位

木材優良施設コンクール　高度な技術評価

木材利用優良施設コンクールの林野庁長官賞に決まった住田町の新役場庁舎

住田町世田米の町役場新庁舎が、木材利用優良施設コンクール（木材利用推進中央協議会主催）で、全国2位に当たる林野庁長官賞に選ばれた。

2014年秋に完成した同庁舎は木造2階建て延べ床面積約2883平方メートルで、うち710平方メートル分に町産のスギやカラマツを使用。国内初採用の格子状のラチス耐力壁や気仙大工の技法を生かした継ぎ手など、高度な技術を集約した点が高く評価された。

多田欣一町長は「町の大切な財産である森林資源に光を当てようとやってきた。認められ全国に発信できてうれしい」と語った。

同コンクールは、同庁舎や紫波町のオガールベースなど本県の4施設を含む全国125施設が応募し、同賞には同庁舎のほか2施設が内定。表彰式は31日、東京都江東区の木材会館で行う。

同庁舎は3月の木材活用コンクール農林水産大臣賞など、今回を含め4度の全国表彰に輝いている。

▶昔のバス停。今はコミュニティバスになっている。

はじめに

なにを書くべきか迷っている時に目に入ってきたエッセイがあった。内田樹氏の「周防大島に集まる移住者」である。内田氏は周防大島に移住してきた若者達と話して「毎日土に触れている若者たちは他の仕事の従事者とはどこかしら雰囲気が違うことに気付いた」と言われる。「農業をしている若者の方が〝口下手〟なのである」。「出来合いの言葉に載せて〝わかったつもり〟になれるくらいなら、むしろ黙っている方がいい。そういう〝言葉に対する禁欲〟を農業に従事する青年たちから私は感じた」。「自分は何かに惹きつけられたのだろうか。それを日々の実践を通じて自分の身体で確かめようとしている人は忍耐強い」[1]。

このエッセイで、ハタと心に落ちるものがあった。これまで私も農村調査なるものをつづけてきたつもりである。だが、その調査にあたって農業をする人、農村で生活している人の心に分け入ったことがあっただろうかということである。調査をする時は、つい、何かを引き出してやろうという気持ちにはやってしまい、調査で向き合っている人の心の動きを、通り越してしまうことがなかったとは、言えないような気がする。

われわれの調査は事実を探求するものであることは間違いないが、その事実から人の心を外してしまえば、そこに事実としての重みがどの位残されているか、もう一度考えなおさなければならないのかもしれない。

調査の相手になってくれている人がどのような回路を経て、言葉を発しているのか、その回路を巡る速さに合わせて、調査者の思考の速度を合わせていくことが必要とされているのかもしれない。これまで、そのような事情について考えを巡らすことがあまりなかったのではないかと反省させられる気がする。

私が、住田町に最初に行ったのは、一九九七年の夏のことである。私のゼミは、ほぼ毎年、ゼミの調査で、どこかの農村に行くことになっていた。そして報告書も出すことにしていたのである。そんなゼミ調査の一つとして行ったのが、岩手県気仙郡住田町上有住土倉集落であった。なぜ、そこに行ったかというとゼミ生の一人である藤井剛君のお爺さんの家がそこにあったからである。かれがゼミの調査は土倉でとしきりにゼミを説得した。

実はわたしはゼミの調査地はあまり遠いところには行かないことにしていた。また、あまり近いところにも行かないようにしていたのである。なぜかというと遠いのはお金がたくさんかかるからである。なぜ、お金がかかるのがダメなのかというと、回数を重ねて調査地に行くことができなくなってしまうからである。近いのがだめなのは失敗すると取り返しがつかなくなるからである。今から考えると後者は杞憂だったかもしれないと最近思うようになったが、前者は今でも大事なことと思っている。そんなわけで、住田町調査には相当慎重であった。その考えを変えさせたのは、かれの熱心な説得だったと思っている。私達は、それに感化された。ゼミ生もほぼ、同じではなかったかと思う。あの有名な『遠野物語』の隣町ということも少し影響したかもしれないが…。

調査が終わって、われわれは「報告書」を書いた。それは「中山間地域における農家実態調査報告'97〜岩手県気仙郡住田町上有住字土倉の集落調査〜」一九九八年三月である。

実はこの報告書を書いた頃には、上有住は全長四十七キロの気仙川の源流部に当たることは実感していなかった。われわれは新幹線の新花巻駅から車で上有住に向かっていた。そこから太平洋に出るには、さらに北上山中を相当に長い距離進まなければならないと実感していたのである。事実、われわれと太平洋の間には深い山並みが幾重にも折り重なって見えていたのである。

図1　住田町の地図

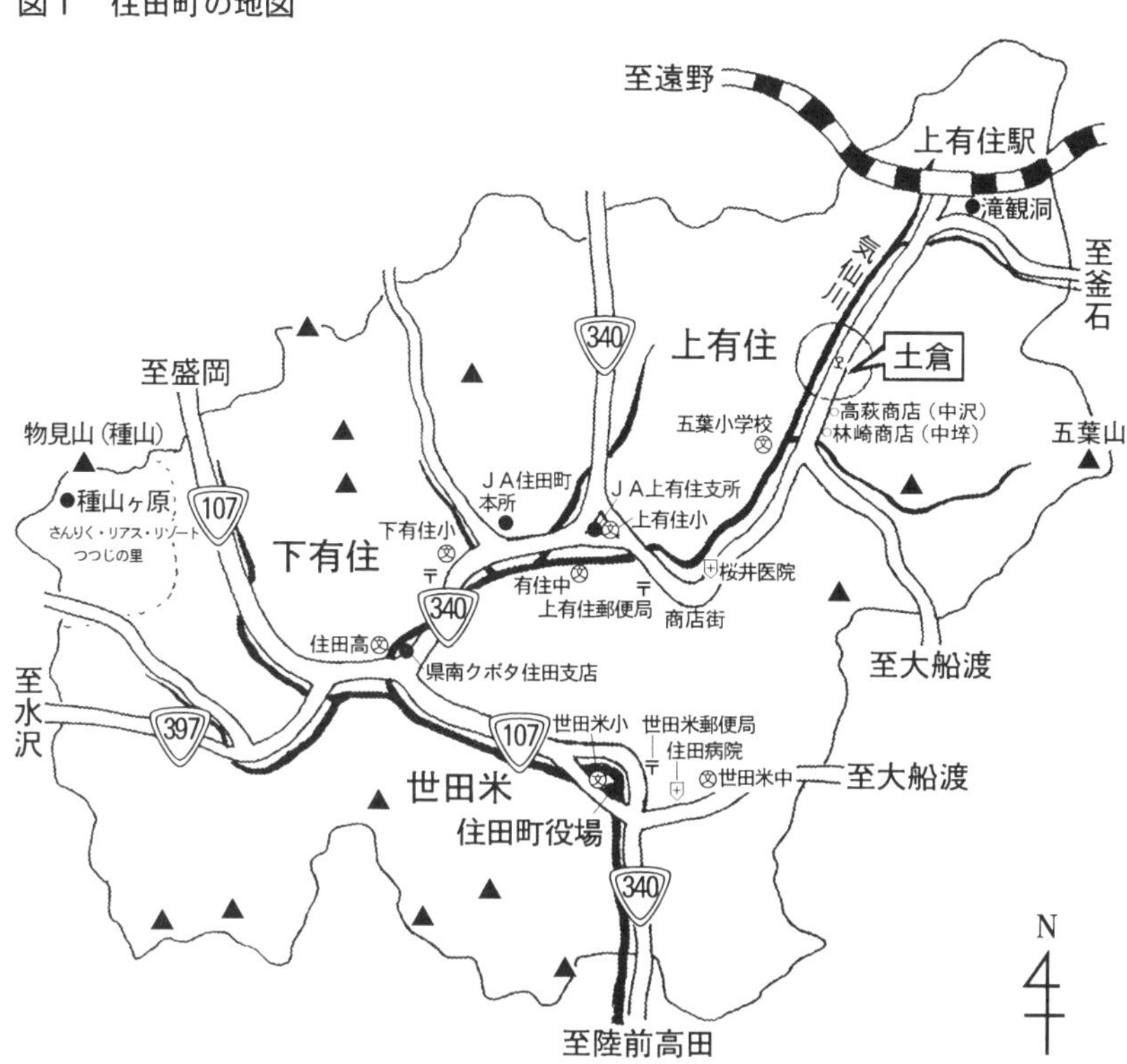

それが四十七キロの気仙川を下ることで、太平洋に出ると実感させられたのは、東日本大震災の後であった。大震災後の津波で、漁船が大量に気仙川を陸前高田と住田町との町境のところまで上って来たことを聞いて、気仙川の短さを実感したのである。

土倉集落の位置もその時初めて胸の裡に落ち着いたのであった。

当時の住田町周辺の地図が図1。そして、われわれが集落調査報告書に描いた土倉集落の図が図2である。

われわれが調査を終わり、考えたのが「土倉の将来について」である。その時、土倉は生活の場であるとともに仕事の場として考えるのが重要ではないかということであった。そ

図2　土倉集落の世帯配置図

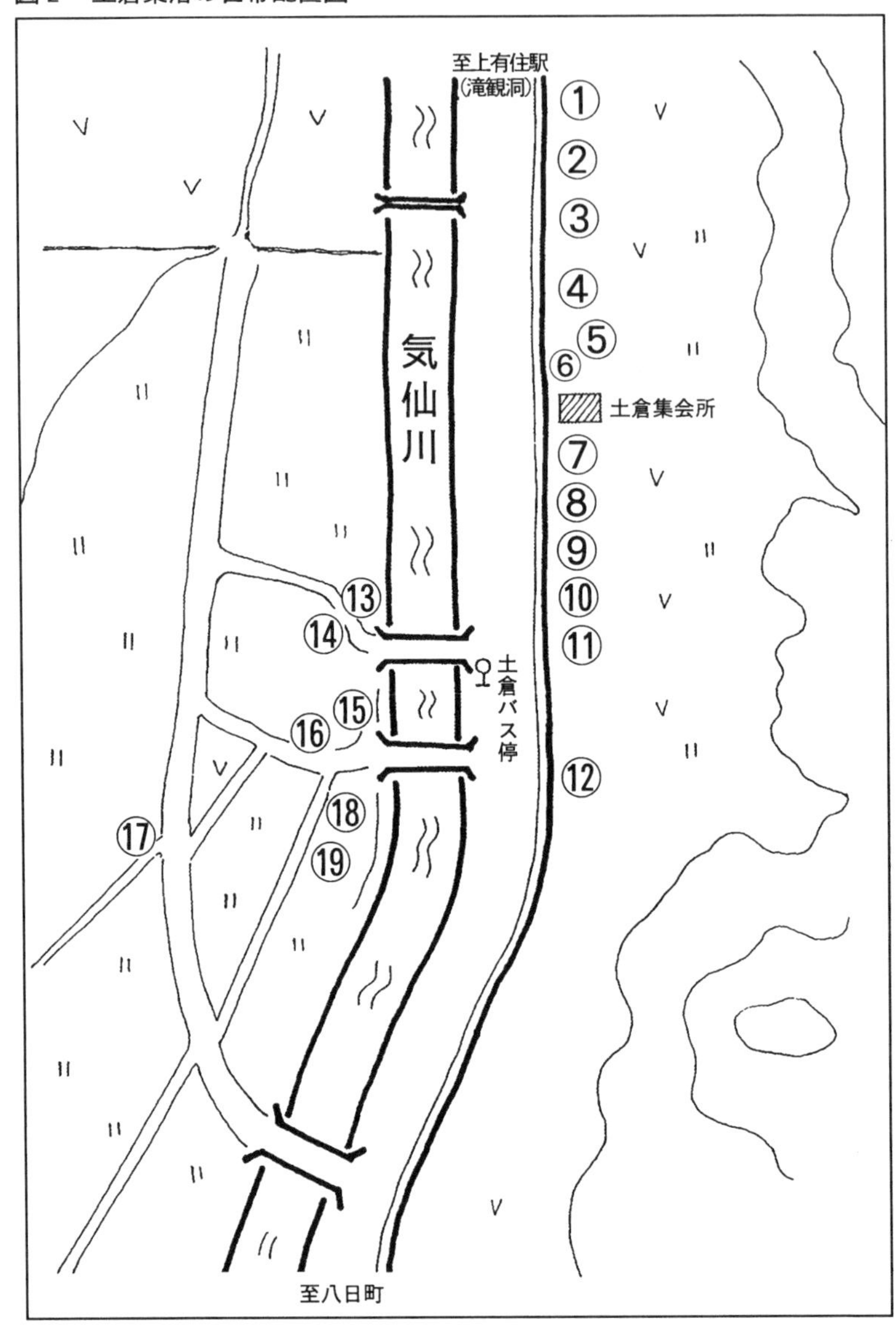

表１　土倉集落の世帯別家族構成

常住者				常住していない家族				
性別	年齢	続柄	就労状況	性別	年齢	続柄	所在	就労状況
男	62	世帯主	兼業・農協工場	男		長男	大船渡	ゴミ処理場運搬
女	61	妻	家事	女		長男の妻	大船渡	
				女		孫	大船渡	
				女		孫	大船渡	
男	59	世帯主	建設会社	男	32	長男	二戸	県警
女	57	妻		女	30	長男の妻	二戸	
男	62	世帯主	兼業・建設業	男	37	長男	盛岡	自衛隊
女	64	妻	農業・家事	女	36	長男の妻	盛岡	看護婦
女	93			女	9	孫	盛岡	小学４年
				男	7	孫	盛岡	小学１年
				男	2	孫	盛岡	
男	67	世帯主	農業	女	44	長女	盛岡	
女	65	妻	農業	女	39	次女	東京	
				女	34	三女	東京	
男	70	世帯主	農業	男	42	長男	遠野	牧場
女	69	妻	農業	女	36	長男の妻	遠野	デパート
男	65	世帯主						
男	64	世帯主	農業	男	37	長男	盛岡	写真現像
女	64	妻	農業	女	36	長男の妻	盛岡	看護婦
男	57	世帯主	建設工事業	男		長男	千葉	
女	54	妻	事務（自営）	女		長男の妻	千葉	
男	59	世帯主	兼業・釜石採石	男	36	長男	北上	富士通
男	88	父	農業	女	34	長男の妻	北上	パート
女	56	妻	農業	女	8	孫	北上	小学２年
				男	5	孫	北上	
男	74	世帯主	農業	男	51	長男	盛岡	
女	70	妻	農業	女	43	長女	遠野	
女	67	世帯主	農業	男	48	長女の夫	千葉	時計バンド
				女	41	長女	千葉	パート
				男	17	孫	千葉	高校２年
				女	13	孫	千葉	中学１年
男	64	世帯主	農業					
女	60	妻	農業					
男	85	父	非就労（高齢）					
女	83	母	非就労（高齢）					
男	41		鈑金					
女	42		縫製					
男	78	世帯主	農業	女	24	孫	仙台	病院の事務
女	73	妻	農業					
男	50	長男	オノダセメント					
女	49	長男の妻	家事					
男	46		非就労（病気）					
男	59	世帯主	新日鉄関連	男	33	長男	東京	新日鉄
女	56	妻	家事	男	29	次男	東京	会社員
男	41	世帯主	養豚業社員	女	65	母	水沢	病気（入院）
男	62	世帯主	兼業・マッシュルーム作					
女	56	妻	農業					
女	35	長女	家事					
男	50	世帯主	兼業・大工	女	21	次女	一関	看護学生
女	45	妻	家事					
男	70	義父	農業					
女	69	義母	家事					
女	23	長女	遠野ホルクロール					
男	78	世帯主	農業					
女	74	妻	農業					
男	56	長男	釜石製鉄所					
女	56	長男の妻	パート					
男	48	世帯主	兼業・大工					
女	43	妻	アルス縫製					
女	19	長女	遠野ＹＢＫ					
女	18	次女	高校３年					
女	70	母	パート					

の場合、基盤として人口の維持が欠かせないということであった。その人口を考える場合二つの段階を考えてみた。第一段階としては現在集落に住んでいる人が今以上に減らないようにするということである。第二段階については現在、土倉には夫婦二人で暮らしている世帯が五組ある。この夫婦世帯の子ども世帯にもどってきてもらうということであった。

このうちの第一段階についていうと、調査結果では、土倉に不満を感じている人はいなかったので大きな問題はないと判断した。

第二段階については、戻ってくるのが定年後であるとすると、その時、土倉が「戻りたい」と考えられる場所になっていればよいということになる。その時の世帯の生活スタイルは年金と自給的農業であり、それにさらに＋αがあれば還ってくる条件としては十分ではないかと考えてみた。

そこで出てきたのが次のようなものである。

①土倉特産の夏場イチゴの出荷・加工
②シドケなどのめずらしい農産物の出荷
③地元野菜を利用した漬物、味噌、手打ちそば
④炭焼き
⑤山菜やキノコ
⑥熊・鹿の肉など
⑦ヤマメ（釣り・養殖）
⑧①～⑦の組み合わせによる「農業体験」（グリーンツーリズム）

以上がわれわれの話し合いで考えられたものであった。そしてこれらのものを準備するには可能な限り、お金をかけず、手作りとし、その良さを活かすということであった。

注

（1）内田樹「周防大島に集まる移住者」『日本農業新聞』二〇一五年五月二十五日「論点」

源流の集落の息づかい——岩手県住田町土倉をみつめて／目次

制作担当
テープ起こし：清松素子
写　真：萩原正樹
カバー・表紙イラスト：山田花菜
デザイン：吉成　誠

第Ⅰ部　住田町土倉集落をめぐる人々

藤井家の人々

（1）藤井洋治さん

一九四九年住田町土倉集落に生まれ、中学まではそこで過ごし、高校からは隣町の農業高校に行きました。高校の三年間は実家から通い、卒業して母校の実習助手として残りました。助手は教諭の下で実験・実習の準備をしたり後片付けをしたり、生徒が農作業できるように維持管理するのが仕事でした。例えば、米ならば生徒といっしょに実習をやりながら米が作れる技術がつくようにするのです。助手になってからは職場のある隣町に下宿しました。その頃、結婚し下宿から市営住宅に移り、そこで長女が生まれ、教員住宅に移って長男の剛が生まれました。長男の小さい頃はよく私の職場に連れていきました。高校の敷地にはいろいろなものがあり、休み時間には生徒達がクラブ活動をやっていたので、息子も生徒達といっしょに遊んだりして結構楽しくやっていたようでした。息子にとって農業高校は楽しい所という思いが小学校に入る前からあり、その気持ちはその後もずっと続いていたようです。

農への母の強いこだわり

実習助手をするようになっても、時々は実家にもどり農業の手伝いをしていました。高校に通学している時でも家の農業が忙しい時は手伝いをしていましたから、家に帰って農業をするのは特別の負担にはなりませんでした。

もちろん実家に帰って農作業をするのは仕事が休みの時だけです。その時は子ども達も連れて帰り、私も家内も農作業をやりました。そんなふうにやっていたので、息子の剛は実家のお爺さんやお婆さんにとてもかわいがられていました。ですから、息子が就職して実家から通勤することはだいぶ期待されていたのではないかと思います。普通の子どもは農業の手伝いなどはあまりしないので、息子が自分から喜んで農業の手伝いのようなことを少しでもしたりすると、お爺さんやお婆さんからは大変感心されて、ほめられたので本人も良い気持ちになっていたようです。

子どもの頃はそれで良かったのですが、今は役場に勤務しているわけでそうはいかないようになってしまいました。何時に終わるかわからないような仕事で、休みもなかなかとれないのが現状のようです。仕事がそんな状態なので剛は祖母から「農業をやってけろ」といわれても、なかなかやることができません。それに家庭をもっているということで、たまの休みには自分の子どもをどこかに連れて行かなければいけないということもあります。たしかに息子が高校生の頃は今よりもずっとたくさん農作業をやっていました。今はそうはいきません。結局、休みにはいろんな行事があったりして、半分は仕事みたいな形で出かけていかなければならなくなっています。そんな状態なので家族サービスもなかなかできないと、本人はこぼしています。

そういう事情は母にはなかなかわかってもらえないようです。たまの休みには孫に農作業をやってもらえば助かると思っていると、パッと出て行かれるものですから腹が立つようです。期待しているだけに、不平不満がたくさんわきあがるみたいです。「昔はいろいろやってくれていい孫だったのに」と嘆いています。彼は別に農作業を避けているわけではなく、バランスをとる意味ではしょうがないことだと思います。年寄りは自分の体が動けない分期待感だけ強くなり、頭の中で仕事だけ考えるのです。私は母に「年をとってきたら仕事はやれるだけやればいい、楽しみでいいのだよ」と話しています。一応私の扶養家族なので小遣いというだけでなく、私なりにちゃんとお金も渡しているつもりなのですが、どうも農作業が身にしみていて、生き様になってしまっているみたいです。収入がどうとかの問題ではなく、今の時期にはこうしなくていけないとか、畑に草が生えると、黙っていられなくなり、体を動かさなくては自分の体が納得できなくなっているようです。しかし、それができないのでつい、口が出てしまうのです。亡くなった父もそういう人でした。黙っていればいいお爺さんなのに、体が動けなくなるのに反比例して口が動くようになりました。母も父と同じように我慢ができなかったのです。父が亡くなる前からで父母の間ではそういう話がしょっちゅうでした。「もういいじゃ

ないか」というのが私の気持ちだったのですが、それだけは二人とも譲れなかったようです。

二〇〇八年四月に父は八十四歳で亡くなりました。その年、我が家は稲作りを中止することにしました。思った通り、母は稲作に固執しました。その母に「田んぼをやらないことにしよう」ということを説明しなければなりません。私は我が家の稲作経営の実情を説明することにしました。作付面積は四十アールくらいだったのですが、それをやると経営的にはまったく赤字であることを説明しました。出費が大変多かったのです。田んぼは五区画に分かれ、それぞれが少し離れているので、農作業は機械でやらなければなりません。当時は私もまだ勤めていましたし、息子も公務員なので、農機を動かす時間がとれませんでした。それで結局、農機をやれる人を頼まなければなりませんでした。そのため出費がかさむことになってしまうのです。

畔立てがありますが、それが農作業の中ではかなりきついものなので、トラクターでやりました。そうすると去年は三反で六〜七万円かかりました。それから代掻きもやはり同じくらいかかります。それだけで十万円はきっちり超えてしまいます。刈り取りも去年やったのですが、コンバインを頼むとそれだけで十二万円かかる、時間的には半日くらいで終わってしまうのですがお金は払うのです。昔の人達にすれば、他人任せではダメということで、「人を出して手伝わなければならない」ということになります。機械作業をやってもらう時は、家の人が待機して、農作業を見ていなければならないことになるわけです。そんな具合ですから、私にしてみれば機械に奉仕しているような気分になってしまいます。他に肥料代と農薬代もかかる。苗も買う。苗を一箱買うと九〇〇円、十アールで二十箱以上入るので二万円くらいですが、標準より多く買うので三反だと九万円くらいになりました。これだけで三十一万円ですね。それで収入のほうはというと一反から米十俵はとれせん。普通で七〜八俵、良くとれたとして八俵です。多めに見積もって三十俵とれたとしても、一俵一五、〇〇〇円位として四十五万円にしかなりません。これには私達の労賃はまったく入っていませんからどうみても歩があいません。農水省の生産費調査の全算入生産費[1]でみると一俵で一六、〇〇〇円くらいなのです。どう頑張っても収入どころか完全に赤字です。そして何より水見（みずみ）に朝でも夜でも、毎日行く。それを五月から九月までやる。それをやめればかなり楽になるのではないかと言ったのです。要するに米を作らなければ楽をして、暮らせる。収入的にも労力的にも楽になると説明しました。これだけ話しても、母はなかなか納得しません。

そこでこんどは米を食べる方から説明してみることにしました。食べる方から考えてみると、現在の標準の日本人は一年間に六十キロしかお米を食べていません。そして十キロ三、〇〇〇円の米といえば結構良い米なのですが、それを一年間で六十キロ食べれば一八、〇〇〇円、一人二万円出せばかなり上等なものが食べられます。家族が七人いれば十五万もあれば十分なのです。

この話を聞いて母はまず「家では米はそれしか食べないのか」と驚きました。そしてそのことを頭の中で理解したはずだったのですが、いざ作らないでいると「作っているのがいいなぁ」と言い出したりしました。よそが田植えしているのを見て「家はやらないのか」と言うのです。「その分、楽にして、好きな野菜でも後ろの畑で作ったらいいじゃないか」と言ったりしました。頭の中では完全に納得したはずなのですが、やはりいざその時期になると心が騒ぐようでした。前年の二月くらいにそれを決めて、私もどこに転勤するかわからないから、作らないでいればあまり心配しないですむし、母と孫との関係も良くなり、みんなが平和になると考えました。私の家内も「こっちに来ると農作業の話ばかりされるから大変だ」と言っていたので、それで諸悪の根源になっているものがなくなればいい。平和な生活ができると思って「米作りはしない」と決め、母もその時は納得していたはずだったのです。しかし、草が伸びる時期になると作物もいっぱい伸びてきて、「今度はあれもしなくては、これもしなくては」という風に不安になるようです。畑でもやっていればいいのですが、畑も田んぼもやらないとなると、そのうちあまっている田んぼに「草が生えてきた」などと言って大変でした。

田んぼは何もしていないと草が伸びて大変だということがあります。その状況を見るに耐えられないということもありますが、近所の人に「何もしないのか」と見られるのがいやだということもあるのでしょう。米を作らなかった結果、ある程度はゆとりを持ったはずです。しかしその後、母はたまに「米を作らないと少し寂しい」と言う。そういうものかと思ったりもしましたが、また説明をすれば納得はするのです。

我が家の米作りは、昭和三十（一九五五）年代からです。始めたのは比較的遅かったと思います。かつて米は気候的な条件から作れなかったので、畑だけでした。母は田んぼそのものがまだないという時代を経験しているので、米には特別な思いがあるのでしょう。田んぼを作ってからは冷害の年を除けば米作りは一度もやめたことがない、毎年米だけは何年分もとっておく生活を続けてきたから、一年作らないということは大変な寂しさがあるのでしょう。それは理解できます。でも仕事が無い分「もう楽だよな」と頭の中では納得している。しかし時として未練が出てくるのでしょう。母の頭の中はその繰り返しだったのではないかと思います。この間「今年は米を作っていないようだから」と近所の三、四軒から新米を頂いた。「作らない方がみんなによくしてもらって、ただでもらってこれでいいんじゃないか」と家族で大笑いしました。去年の分も含めて米は十分ある。味は少し落ちているかもしれませんが、籾のまま貯蔵しておけば今年の分ともう一、二年分くらいは十分あります。だから食べる分には不自由しない。

父がいたらもしかすると二人の会話の中で、やはり作らないわけにはいかないということになったかもしれません。でも、もしかすると亡くなった父の方がある時は冷静に考えていましたので、米を作らない考えは十分通っていたかもしれません。

父は亡くなる前に、介護が必要で、母もそれに専念していたのですが、春の農作業が忙しくなると介護どころじゃなくなり、畑の方に出たいのが本音で、介護がわずらわしくなるようで、畑と父とどっちが大事なのかわかりません。本能的に農作業をしたいのでしょう。介護の必要な人がそばにいても、性格的にはあまりそういうことには向かない。それに腰痛もあり体力的にできないということもある。それでも農作業をやる所を見ると、染み付いた仕事はできるようです。腰も曲がっているけど、下を向いてやる仕事はいいらしいのです。畑で草をとるとか、田植えとかではわれわ

れはかなわない。われわれがやるとすぐ腰が痛くなりますが、母はかなりやる。家内などは全然だめ、かないません。あれは体力ではなくコツがあります。結局そういうことはできるものですから、自分の中でつらい思いがあるのでしょう。米をやめてからも野菜を作ったり、自家用のものは欠かさないようにしている。自分が動けるうちは、どんどん作るようになると思います。

それが自分だけの世界のうちならいいのですが、思うようにできなくなってくると、「若い者がいるのだから、もう少しこっちを手伝ってほしい、もっとやってほしい」というのが出てしまうのです。例えば、自分は畑を作れるがその前に土をおこして柔らかくしなくてはいけないので、「耕耘機でこれをしてほしい」と孫に言うわけです。しかし息子は忙しいので、ほったらかしにしておくこともあります。私はそれでいいと思っています。でも母はそれではすみません。それで母は、話を私ではなく息子の方にするのです。息子はすごく忙しいので大変そうです。仕事も四月から部署が変わって忙しくなったのか、帰ってくるのが普通の時間ではありません。毎日十一時くらいというのが続いていました。職場以外に火縄もやるし、剣舞をやったり、地域でやらなければならないことがいっぱいあります。時間があればすぐ職場から呼び出しがかかります。しかし母は、まわりにいる人にも手伝ってもらってどんどん進めないと納得できないのです。性格的な部分も大きいですが、それで要求が次々に沸いてくるのです。「稲以外でもあっちの畑に草が生える」とか、あっちもこっちもいろいろやれと言ってくるわけです。自分の頭の中は田んぼやら畑のことでいっぱいだし、そこが思ったようになっていない状態を見ると許せなくなってしまいます。よそから何か言われたくないということもあるような気もします。農家としてのプライドが許さないのです。自分の体が動けば自分でやるのでしょうが、動かないから私の家内にも「もっとやってほしい」と間接的に言ってみたりして、誰かに頼んでいるのです。私の職場が遠野市になってからは距離が近くなり、実家に行く回数も多くなったこともあって、「もっと来てどんどんやってほしい」と、要求が次から次へと出てきます。

「おもてなし」とはちがったもの

私も定年間近なので、定年後はどのようにして暮らそうかと考えています。第一に、農作業は趣味の範囲でやってみたいとは思っています。できれば定年退職者も含めて何らかの形で農業をもう少しやる人が集まるようにできないかと考えています。あるいは農業を通して人と交流するようなものとして活かしたいと思っています。外から人が来るような仕掛けを作りたいと思っています。無理なものではなく自分達の生産と調和するようなものでできないかと考えています。自分達で作ったものを、例えば盛岡の朝市のような所でまとめて出すなどというのもいいかもしれないと思っています。それには運ぶ人、店をやる人などが必要になります。今はそれぞれの都合に合わせて、一人でやっているのを分担してできるようにできないかとも考えています。農協の出荷基準に合わせて毎朝やるのは難しいが、自分達の中で出荷するということならばあまり面倒なことはない。だから例えば年配の人には揃えることをやってもらったり、ごみを取り除くことをやってもらったりというような、そういう方法もあるのではないかと思います。

そこは紺野昭二さんの考えと一致する所もあるかもしれませんが、地元で提供するというだけではなく、仕組みを作ってやるというのが励みになるのではないかと思っています。盛岡というのは一つの例ですが……。あまり良く知らないのですが農協がやっているのは、どっちかと言うと生産を統一しながらの主産地形成[2]のようなものではないでしょうか。例えばヤーコンができるというと、ヤーコンを一つの出荷基準で統一して、ＪＡの箱に入れてランクをつけることで、規格をそろえて売るというのが一般的な方法です。ただ、それをどこの市場にどれだけ出すかが問題です。それは大量に生産して大量に出荷できる農家にはいい面、あるいは楽な面もあるので、生産が日常的な人にとってはいいのでしょうが、自分の仕事量に合わせて少しづつだけやる人達にはあまり合いません。二、三日で収穫も終わってしまい長続きはしないし、出荷基準に合わないものがほとんどだと思います。ここは結果的には農協のラインに乗れないので、できないということになってしまうのではないかと思います。ここは自分の持ってきたものに自分で値段を決めて置いていくという仕組みですから、売れるか売れないかというのは、他の人との関係で値段を決めればいいことで、自分が納得できる値段でやればいいのです。つまり個性のあるものを出せるということです。農協の場合は、受け入れる時に「品質はここまでに保ってください」ということだけは厳重にしますが、それ以上のことは言わない。ここには常時出せないでしょうから、距離の問題だけでなく、土倉産ということで売れるところを作ってもいいと思っています。

今のような年寄りの多い地域にとっては、加工品が一番いいだろうと思います。加工品とは漬物などのことです。農協に出荷する大根は先のとがった所を切って規格品を作る。しっぽの方は使わない。そうすると規格外のものがたくさん出てくるが、その端切れのようなものは漬物に向いている。ここで売っているヤマゴボウ漬けが人気なのですが、それはにんじんでも何でも端切れのものにシソの葉っぱを巻いて作ります。そういうものなら規格外でもいいんです。農協に出す場合は、にんじんは規格が難しいのですが、大きくなると割れる時があります。ひびが入って割れたものは、農協ではだめなのです。ところが漬物にするならば、そういう大きいにんじんでも割れた所だけ取ればいくらでも使えます。そういうものだけでも集めれば捨てるようなもので立派な漬物が生まれるということで、付加価値がいくらでもついてくることになります。ただ、売れる場所の設定とアイデア商品の提供が大切です。そういうものがある程度できれば作る人はいると思います。そしてそうなったら自分達の所に少し元気が出るのではないかと思います。これもやってみたいことの一つです。しかし、それにはまず実績を一度見せないと人は動かないと思います。「こうやればいいよ」というのを提示すれば「だったらやりたい」という人が出てくると思います。

第二にやってみたいことは、今年の夏にやった民泊です。お客を呼ぶことは励みになりました。面白いと思います。今のところ民宿のように許可を取ったものではないので、食事などでトラブルがあったりすれば大変だという不安があります。だから来た人に自分達で作って、泊まってもらうという形であれば、責任的には楽かと思っています。

海外では「農家の場合は一時的に泊まってもいい」というような制度があるようですが、旅館や民宿とは違うというものがあれば、もっと人を呼びやすいと思います。そうでなければ営業としてきちんと保健所の許可を取る必要があるでしょう。そうなるとまた、ちょっと大変になってしまうかもしれません。

教育旅行といって修学旅行で田舎に一泊させるというのが流行っていて、遠野市ではかなり受け入れています。農家の受け入れ世帯数が足りなくて断っている時もあるということなので、住田町で受け入れる農家があるならば、遠野と連携してやろうという話もあります。早ければ来年からのスタートも可能だと思っています。

うちの母の世代も「年寄は邪魔だからどっかに行っていろ」という形ではなく、例えば醬油だんご[3]を作って食べさせたらみんなが喜んで食べた、「これは婆ちゃんが作ったのだ」と後でみんなに紹介してやると、自分の居場所があると感じる。そういう形で巻き込んで行けばいいと思う。母にも「草とりだけが仕事じゃない、他にもやれることはある」と思ってほしい。そして自分の居場所があるというのを実感してほしいと思います。結局は人に喜んでもらうというのが一番のサービスの根本だと思う。来た人に喜んでもらえるものがここにはあるのだということを、集落の人達にわかってもらいたい。それにはやはり実際にやって見せて、「楽しそうだな」と思わせることが必要です。そうすれば「じゃあ、うちでもやろうか」となるのだと考えています。

遠野市と同じような形ではなく、土倉集落の場合は例えば泊めることはできないけれどいっしょに体験する場にする。婆ちゃんが指導してきゅうりを採る。イチゴは橋本のシモさんのところでいっしょに採るというような具合で、イチゴ狩りのようなものをやるということです。農協に出荷するために一人でやるのは大変だが、農作業を教えるという形で、またはある程度採ってもらうことで収入を確保できるという、新たな道もあるのではないかと思います。あまり無理してやらなくてもそれぞれの得意分野がいろいろあります。例えば大工の茂さんのところではものを作れます。お客さんが夏場に来るとは限りません。藤井清さんのところではザルを作っていますから、そこでザルを作る体験をして、完成品をあげる。そして「商品としてこういうものもありますよ」と宣伝し、お土産に買って行ってもらうこともできます。ここなら炭焼き体験もできます。そういう形で一つのモデル集落のようになれればいいと考えています。「一つの集落でこういう体験ができる」というメニューを作って、例えば集団で来ても何カ所かに分かれて体験する。それには準備の窓口を作って受け入れと振り分けをし、経理担当と事務担当をちゃんと別にしてやる必要があるでしょう。常時上手く行かないかもしれませんが、そこら辺を試行的にやっていければ面白いと思います。常時の体制を初めから決めてしまうと大変だから「もしこのような時には今のような形でやってみましょう」そして「一回やってみてどうでしたか」、「こういう仕組みもありますよ」という形でやって行けば、それぞれが今の生活を無理なく楽しめて、生活に幅ができると思います。

今の生活に対して自分の先行きをあまり言い出せないような人達であっても、無理をしないでも「来てくれた人が喜んでいたよ」と聞けば生きがいができるのではないかと思います。経済的な効果を今すぐ狙うというより、そういう面に大きく期待しています。それにはまず私と何人かで提案して、やってみようと思っています。面白そうでこれなら無理がないとなれば多分何とかなると思う。しかし自分の家に泊めて、いわゆる〝おもてなし〟のような形でやろうとすれば、自分だけでも精一杯なわけですから、そういうことは立ち行かないと思います。自分のやれること、その人に合ったことを相談しながらやっていくというのがいいと思います。

これはまとめる人がいないと絶対にできません。そして受け入れた後、一人ひとりがどの辺までどうやってやったらいいのかというのが難しい部分だと思います。その人達にいかに負担をかけないでやれるか。場合によってはそれぞれの所に最初は一人ずつ付かなくてはいけないかもしれない。例えばイチゴを採りに小学生が五人来て「これから行くからよろしく」と言っても、その次が動けないということがあると思う。やはり窓口を決めると同時に、受け入れる各所を支援していかなくてはいけない。子ども達にその場で作業をやって見せなくてはいけない。子ども達がやっている所で「こういう風にしてやってもらいますよ」と教える。またこっちが良くてあっちはだめだ、というようなことになると困る。大体どこも同じような条件でやって、差をつけないようにしなくてはいけない。そういうルールは一応決めなくてはいけないが、田舎の人達は自分の所はよそよりも良くしたいという思いが常にあるので、そこら辺をしっかり「ここら辺で終わり、みんなと同じにしなくてはだめですよ」と決めなくてはいけない。そうしないと過剰なサービス競争になって、かえって続かなくなるので、そこら辺のルールを宣言していくことも場合によっては必要です。「このくらいにしましょう」というルールです。

そして一定以上のことをやれる人、伝える人はそれぞれ役割があると思うのですが、いずれ利益が発生してきた時に次の問題が出てくるでしょう。「どんどんもっとやりたい」という人と、そうではない人、少し良くなってきた時にどう配分するかは大変なことだと思います。これはきっちりと決めて納得のもとでやらないとだめでしょう。窓口が吸収してしまうのではなくて、配分して、皆が一カ所に集まり「全体の中から、これだけ頂いているので」という、仕組みをきちんと作らなくてはいけないと考えています。それは佐々木康行さん達のＮＰＯがやっているようなグリーン・ツーリズムとつながるようなものもあると思う。しかし段々それを追求していくと、お客さんの誘致合戦になりかねない可能性もあります。利益が出てくるとそれで生活しようとしたり、いろいろな野望を持った人達が現われるので、そうなるとつまらないです。きっと訪ねる方もそうなるとつまらないはずです。「農村そのまんま」ということが大事で、それは守らなくてはいけない。そこら辺をきちんと作っておかないとだめだろうと思います。ここでは本当に「メインは観光客を呼ぶということではなく、自分達のできる範囲でお互いに楽しめたらいいという気持ちでやっていますよ」という辺りで止めなくてはいけません。まあ、そこまで行かないような気もしますが、今の話くらいが笑い話でいいかもしれない。欲をかくとロクなことがない。結局過剰投資になって、残ったのは借金のみというような例はよくある話です。ここら辺では、いまだに自分達がやっていることをある意味否定的に考えている。そういう価値観を「自分達が持っているものは、よその人から見ればなかなかのものだよ」と再認識してもらえればいい。それでまずは目的の何割かは達成だと思う。とは言え若干の収入はないとだめです。やはり応分の対価だということでそれを気兼ねなく受け取れるような形にしたい。方法としては、「断る」。それがまた価値を高めるという面もあるのです。

商売上手な異端児の話

「断る」ので成功した知人がいます。彼は一度市役所に入ったが、二日目に飛び出して東京の大学に入って卒業して、また市役所に戻った。言うことが振るっていて「退職願いは出していないから籍はある」と、それで何倍も稼げるようになった。農政関係の部署で何年かやって、多分その時に選挙か何かで一方を応援したのではないかな、やはり自分の立場上もやりにくくなったりした。やめたら給料がないから、どんどん蓄えは減ってたちまち底をついてしまい、農業をやると言ってはみたものの、自分では何もやれない。唯一、飼っていた牛がいて、月々の牛乳代で何とか食いつないでいた。野菜をやってもはずみでやったものだから、何をしても失敗して食えるものができず種代にもならない。寒い時期にやったかぼちゃだけが残り、県南の友達から「こっちに来て売れ」と言われ、そのかぼちゃを売ってなんぼか儲けた。その彼がとんでもないほうれん草があるということで出した。丈夫で冬でも大丈夫だというので冷蔵庫に入れたまましまったことを忘れていて、ある時冷蔵庫を開いて「なんだこれ」と思ったら、そのままのぱりぱりのほうれん草があった。とにかく異常なくらい長持ちするほうれん草だったので、びっくりした。そして今までにはないほうれん草だということで、それしかないと思って結構大きな会社だか、有名なデパートに送ったらしいのです。そうしたらそこの社長から電話が来て「こんなほうれん草は見たことがないけれど、あとなんぼあるか、すぐに送れ」と言われた。しかしあるのは冷蔵庫にあるそれだけだった。自分でも忘れていて何を言っているのか当初わからなかった。思い出したらとっさにないという表現を使えばだめなので「注文が多くて、もうだめだ、ちょっと間に合いません」と言ったそうです。「どのくらい待てば次ができるか」と聞かれて「早くてあと三カ月です」と答えた。それから種をまいて三カ月待って収穫し、その会社に出したら大ヒットしてキャンペーンやるとか大変なことになった。「他にはやらないでうちによこせ」ということになっていた。

これだから商売というのはすごい。そして商売のコツはこれだなと思ったそうです。このほうれん草は本当に当たって、自分の所だけでなく、よそでもやってもらって出荷している。そのうちに牛飼いもやったのですが、難しいことですが回転を早くする方法として持っている資金を全て牛舎に使ったり、牛を一気に何百頭と買った、牛舎いっぱいに牛を飼ったのです。だからすぐに資金はなくなった。全国の牛の七割以上が北海道にいますが、北海道ではピークを過ぎて牛乳が出なくなった牛は、まだ三〜五カ月は搾れても出してしまう。そういう牛を買っている人の伝で北海道から牛を集めて、あと三カ月だけ絞れる廃用牛という二束三文の牛をトラックでどんどん運んで集めた。それに配合飼料とか、ただ同然の昔東京近郊ではカス酪農という加工品業者の豆腐大豆カスをどんどん持ってきて食わせて牛乳を搾った。三〜五カ月くらい搾って、本当に出なくなったらあとは肉として売るということをしていた。

その後、研究に研究を重ねて、結局食べ物で牛乳の濃さなどが決まってくることがわかり、ある程度のレベルにしたものを低温殺菌して売り出した。それから自分独自のものができないかと考え、牛乳の商品名に自分の名前を入れて、値の安い所には売らずに高い所に売るということをした。それは高級志向で、他の牛乳が一八〇円で買えるときにその倍くらいの一リットル三〇〇円いくらで出していた。この牛乳はやはりうまいです。飲んだ人が「一度この味を覚えるとこれしか飲めなくなる」と言っている。

ところがさっき言ったようにメインの牛乳が谷川の水より安くなっているので、牛乳ではもうだめだ。付加価値をつけるためにはチーズなどの加工品だということで、今社員をスイスに研修にやっている。帰って来たらチーズとかバターとかの加工品を作るということです。いつまで続けるかはわかりませんが、彼の中では次の構想ができていて、あれを加工して独特のチーズを作りたいと言っていました。また京都の豆腐と同じようなレベルのものを作りたいということで、やはり知り合いを研修にやって、自分の名前が入った豆腐を作りたいようです。

彼によると東京ではこちらのものが高級志向で売れている。大手百貨店のキャンペーンには直接行ってズーズー弁でやるのだそうです。それがまたいいらしい。普通の言葉で言ってもインパクトがないけれど。彼の風貌とズーズー弁の巻き舌で、がなるようにやっているものですから違和感があって売れるようです。どっちかというと高級志向の店と東京のデパート何カ所かに置かせてもらっていると言っていました。同級生のネットワークもあるようですが、「安い所には置かないでください」ということは言っているそうです。岩手県内でも盛岡市のデパートとかに置いています。あるスーパーに置いたら、「お父さんのはスーパーにもありましたね」とちょっといやみを言われたらしい。やはり置く所もきちんとしないと商品のイメージが落ちてしまうらしく、どこでも売れればいいというやり方はしないそうです。

彼はここでは異端児的な人だから、ここの風土にはそぐわない人間ということで、当初は「市役所を辞めて、馬鹿な農業をしている奴がいる」と連日飲み屋では酒の肴にされたと言ってました。ここの道の駅（遠野風の丘）も当初ただの小高い丘を削った所でしたので、誰もこんな所で売れると言った人はいなかった。しかし彼は「ここでないとだめだ」と言った。そして結果的にはここがこんな風になったというので、「やはり先見の明がある」とみんなは彼を見直しました。

県内ではここの店の売り上げは特別です。東北でもトップクラスです。山形の寒河江とここが並んでいるそうです。いわゆる産直の売店でこれほど来客のあるところはない。ひっきりなしです。ここを直接作った人はNPO法人の塾長をしています。他と違ってこの休憩所は無料で、何を持ってきてもいい。一日四〜六回も掃除をするというトイレはピカピカです。これにはここに来たお客さんもびっくりします。大体こういう所に座っていれば、気兼ねをして立たなくてはいけないと思うけれど、店の方からただ、持ち込みもいいと、言うのです。そういう所がよそと違う所です。そうしても大体は何か買うことになるんです。この目の前の川で取れた川魚を焼いてここで食べることもできます。ヤマメとかイワナとかですね。河童がいる川というのはここ全体なのですが、河童淵というのが山側に入っていく上の方にあります。ここは見晴らしもよくいい場所なんです。

注

（1）農林統計用語：家族労働費を含む労働費と肥料代などの物財費を合計し（費用合計）、費用合計から費副産物価額を差し引いた残金に支払利子と支払地代を加えたもの。
（2）特定の農産物を広域・高密度に作付ける地域を作ること。
（3）グラビアページ参照。

（2）藤井剛さん

私の父は長男で、父の妹は今遠野市に住んでいます。当時は高校に行く生徒も少なく、農業高校に入り園芸関係に進もうと思っていたそうです。しかし祖父が自分の経験から農業だけではダメだという考えで、公務員のような安定した職に就きながら農業をした方がいいと話したそうです。父はその通り公務員になり、農業は祖父と祖母が中心に行うこととなりました。父は公立高校の先生になり、県内をあちこち転勤する生活が始まりました。

農業高校、大学、そして兼業農業に

私は、昭和五十一（一九七六）年に、当時の父の勤務地である遠野市で生まれました。私には一つ年上の姉がおり、年齢も近いことからいつも姉と二人で行動し、仲が悪いわけではないのですが、毎日のように喧嘩をしていた思い出があります（大半は、私が泣かされていました）。小学校に入学する時に、父の転勤の関係で花巻市の学校に通うことになりました。ここにはいろんな友達がいましたので、サッカーや水泳、陸上、スキーなど様々なことにチャレンジし、みんなに負けたくないという気持ちが芽生えたような気がします。

そして五年生の時に一関市の学校に転校し、高校を卒業するまでそこで暮らしました。転校する度に、様々な友達と出会い、知らず知らずのうちに様々な情報を吸収し、生活していました。私の入学した高校は農業高校でした。もちろん、私は農業が好きでしたし、父が教師をしている高校で一度は勉強してみたいと思っていたので、そこに入学しました。

農業高校に対しては「ダサい」とか「頭の悪い人が入る学校」という偏見を持っている人が多いと感じており、とても複雑な気持ちでした。それでも、入ってみると、先生方にも恵まれ、心温まる友達も多く、幸せな高校生活を送ることができました。

私は農業高校への偏見と将来像を論文にして訴え、福岡県で行われた全国弁論大会に出場し、優良賞をとりました。またＪＩＣＡ（Japan International Cooperation Agency：国際協力事業団）が主催する高校生の国際協力エッセイコンテストで最高賞である外務大臣賞をいただき、ブラジルに一〇日間行きました。その前にも、アメリカに全国の農業高校生を代表して二週間のホームステイをしました。

運の良いときは続くもので、アメリカから帰ってきたら、すぐにブラジルに行きアマゾン川で泳いだり、ピラニア釣りをしたりと、国際的な時間を過ごしてきました。しかし英語については、ホストファミリーから「プリティーイングリッシュ」と言われる程度で、可愛がってもらいながら十八歳の誕生日をアメリカで祝いました。

高校時代に弁論大会やエッセイコンテストで全国一位になったのが私の自信になりました。また、私も父と同じように教員になろうと思っていたので、大学に行き資格を取ろうと考えていました。農業高校の先生の中に、進学校を卒業した人がいて、その先生が「農業高校から大学に行き、そして農業を教えた方がよっぽど勉強になる」と話してくれました。それを聞いたとき、私の選択も悪くないのかもしれないと考えるようになりました。

大学を選ぶ時は、推薦で入れる学校を選択し、それまでの農業高校のイメージを払拭し、農業高校からでも知名度の高い大学に入れることを証明しようと思い、中央大学の経済学部を推薦枠で受けました。中央大学について詳しくわかっていたわけではありませんが、名前が知られていること、一度は東京で生活してみたいという思いがありました。

農業高校の生徒はそのまま就職する人も多いのですが、私が大学に入ったことを地元の同級生は喜んでくれました。地元では中央大学はレベルの高い大学というイメージがあるようで、祖父や祖母も大変な喜びようでした。東京には父の高校の同級生で弁護士事務所で仕事をしている人がいて、当時は東京近郊で市議会議長をやって、後に市長になった人が『こっちには頭のいい人、悪い人、遊んでいる人、まじめに勉強している人などたくさんいるから、特定の人だけでなくたくさんの人と接すると、人間としても大きくなる』と言われました。それで大学時代はできるだけいろいろな機会をさがして、いろいろな人と話すように心がけました。大学では三年生から専門演習（ゼミ）を受講します。ゼミを受ける時は、農業と関係がある大須先生のゼミに絞りました。先生は雰囲気が良く、話しやすいところもあり、満足して大学生活を過ごすことができました。ゼミは、男性六人と紅一点の計七人で、みんなとても気の合うメンバーでした。また、個性豊かなメンバーで

もありました。

私が三年次の夏にゼミの仲間が私の集落に来て、実態調査をすることになりました。当日の朝は新幹線の止まる新花巻駅で出迎えたのですが、アルバイトをしていて参加できない一名以外は全員来るはずが、先生を含め三名しか降りて来ません。「え！　他の人達は？」と聞くと、そもそも電車に乗り遅れた人、途中の駅でジュースを買いに降りて、置いていかれた人などがいて三人だけということでした。そんなわけで、はじまりから波乱万丈な合宿となりました。中央大学から先生や友達が来ると緊張して駅で待っていた父も、拍子抜けしたのか「お前の友達は大物だ」と皮肉られる始末でした。

ゼミの調査は、集落をまわり農家の一戸毎を実態調査を行うというもので、十八世帯の集落を三つのグループに分けてまわりました。大学の学生が来るということで、それぞれおもてなしを用意して待っていたようです。各戸を回るたびにご馳走を出されるので、みなお腹がいっぱいという状況でした。合宿最後の夜は、集落の公民館で、集落の人と学生みんなで懇親会を開き、大いに騒がせてもらいました。

私はこの調査を材料に卒業論文のテーマを「中山間地域における住田町の展望」としました。ゼミの友達が一生懸命調べてくれた集落の状況やデータを卒業論文に盛り込ませてもらい、ゼミの友達には感謝し、同時に少しすまない気になっています。

就職は大学に入る前から出身地の県に戻る予定でした。祖父母の住む住田町役場を受けようと考えていましたので、東京での就職はまるっきり頭にありませんでした。最初は父も教員なので、教員になろうかなという気持ちもありましたが、教員の大変さは親を見て身にしみて感じており、それほど執着していませんでした。しかし教育実習は母校で簿記をやりました。期間は二週間で、祖父の家から車で通いました。生徒達とは友達みたいな感じでした。教えるために私が勉強しなければならず、結果的には私が生徒に教わったような気がします。この二週間も貴重な体験でした。

父の背中を見て

父は家では面白いことなどしゃべって、いつもニコニコしていて、ただの酔っ払いにも見えるのですが、実家に帰って来た時は農業を一生懸命やっていました。子どもの頃、私がいっしょに遊びたいとせがむと農業を途中でやめて川に行って遊んでくれたり、「午後からいっしょに上流の方に釣りに行こう」と言ってくれました。山に登ったりもしました。しかし、ふだんは仕事が忙しく、帰りは遅い時が多く、勉強のことなどで父から何か言われたことはありません。その点では厳しい父親でありませんでした。家族としてはまとまりのあるほうだったのではないかと思います。

小さい頃は家で農業をやっているのは当たり前と思っていましたが、中学生の頃にはイメージ的に時代遅れという感じを持つようになりました。同級生全体になんとなく「農業は頭の悪い人がやるものだ」という雰囲気が出てきて、その考えが定着してしまった感じがありました。私もその頃、農業はダサいという気がしていましたが、何かで注目されないかなあという期待もありました。高校に入ってから米が取れない時期がありまして『これはしめた』と思いました。「米を作っていればよかった」という話を聞くと、農業をなくしてはならないと改めて感じました。農業について自信を持って「かっこいい」という気はありませんでしたが、大事なものという思いはありました。実際にやってみて、決して恥ずかしいものではないと確信しました。だからその思いだけは伝えたいと思い、ゼミで調査に来てもらうことにしました。

私は父と同じように祖父母を手伝いながら農業をしたいと思い、住田町役場を勤務先に選びました。祖父母にはまだ、がんばってもらい、自分はまず役所の勤めをやろうと考えました。勤めていても、こっちにいれば今までどおり、稲刈りとか、田植えとか、忙しい時に力仕事の手伝いくらいはするという気でいました。手伝いはするけれどべったり農業漬けということは考えていませんでした。父の生活スタイルがそういうもので、知っているのはそういう生活だったわけです。逆に普通の会社員の生活スタイルのイメージがなかったので、とりあえず父を見て同じようにやってみようと考えていました。

テレビなどで見ていると、農作業では会話もなく、ただ土を掘って一日が過ぎていくというふうになっていて、それが農業のような気がしてましたが、実際は、そんなことではなく、「今日はこれをしなくてはいけない」とか意外と時間に追われる生活になります。しかも一人でやれればいいが「これやれ、あれやれ」とお爺さんやお婆さんに言われるわけですから、それはそれで結構疲れます。

ここに帰ってくる前は、ここにいれば何でもやりたいことができると考えていました。米は作りたいときに作り、それ以外は田をだだっ広い公園にしてもいいのではないかというふうに思っていました。しかし、それは、農家の現実を知らないから言えることだということがわかりました。

私はこれまで父のやり方を見てきましたが、少し心配になることもあります。父は学校の先生ということで、こっちに来ると先生、先生と歓迎されるのですが、学校で教科書を見て教えることと、何年も農業をやって経験を積み重ねている人とでは、少しずれるところもあるようです。例えば、「この病気は何かな？　いもち病かな？」と言うのですが、祖父に言わせれば「これは肥料焼けだ」となるわけです。また、父は無農薬でやっていきたいのですが、実際にこの地で生活し実態を見ていると、それは結構厳しい。やはりここで生活して農業をやるのと、住まないで農業だけを考えるというのではかなり違うようです。

私もこっちに来る前は農薬を使うのは反対でした。すごくいやな顔をして「そんなもの食べない」と言っていました。だからお婆さんも農薬をまかずに草ぼうぼうにしてやってくれていたのですが、イチゴなどはすぐ病気になって食べられなくなってしまうのです。それを見て、ちゃんと勉強して何か害の無い薬を選ぶ必要があるだろうと考えました。

付け加えると、無農薬で栽培し、実が小さく、直ぐにカビが生えるイチゴより、薬は使っても収穫時期には使わないなどの工夫をすることで、立派なイチゴが出てくれば、間違いなく私は立派なイチゴを選びます。

住田町の農業

今日の農業の抱える問題は、農業をする人がほとんどが高齢者になっているということです。
若い人はなぜ農業をしないのか疑問に思います。高齢者になって農業を始めても経験する期間が短くなります。八十歳とかでようやくベテランの域に達しても、ベテランとしてやれる期間は限られてしまいます。若いうちからやっていればかなり長い期間ベテランとして農業をやっていける可能性はあるわけです。

農業は失敗しなくてはわからないことがたくさんあります。五年前に始めた人は「五回しか失敗していない」と言われます。たくさん経験して失敗の回数を増やし、年数が増えて、ようやくベテランになるという話もありますが、だからといって、若いうちからやっておけば、早くベテランになれるのかと言われると、そうともいかないようです。

その辺のことを私はこの地元でいろいろ調べたいと思いつつ、もう十年もたってしまいました。そもそも農業というのは年金とかで副収入が安定した人が趣味でやるものなのかどうかというのも疑問です。それなら農業だけで生活するのは可能なのかどうか、そのあたりも気になるところです。農業が大事だと気づくのは食糧がなくなってからで、それから農業を始めても遅いわけです。ほうれん草だって種を播いてから三カ月かかるのだからそれでは間に合いません。それはだれでもわかっているはずです。

学生時代に都会の生活はそれなりに楽しみました。なじめないと言うほどではないが、正直言えば、何か寂しいとは思いました。だから東京に未練はありませんでした。住田町には「帰って来るだけで楽しい」という思い出がたくさんあったし、忙しい時や甘えたい時には住田町に帰るのだという考えがしみついていましたので、卒業したらこっちに住みたいと初めから思っていました。

また、こっちに住みついたら両親も祖父母もどんなに喜ぶだろうとも思いました。祖母も今は慣れてしまって両親と同じくらい言いたい放題になりましたが、帰ってきたばかりの頃は、大変かわいがられました。

また、今は亡くなった曾祖母にはずっと「跡取りだから」と吹き込まれました。曾祖母はうちの母には厳しかったようだが、私にはとても優しく、いつも「この山は剛の山だ、この川は剛の川だ、この家は剛の家だ」と言っていたのを良く覚えています。

私は住田町で静かに農業をすることが理想でしたが、それだけでは生活ができないというのはわかっていました。楽してお金を得られる仕事が最高なのですが、何がいいかはわかりませんでした。それは学生の頃から考えていたことで、就職とかいろんな面で競争するよりも、地道に静かに暮らすというのが何よりの幸せじゃないか、一番自分にとってストレスを感じない時間なのではないかと思いました。もし、仕事をするならば、ある程度の収入とか安定した生活とかいろいろ憧れはありますが、ストレスを感じない仕事ということを考えると、農業は理想的な仕事なのではないかと妄想の世界で思っていたのです。

住田町にはお金に換算できないものがあります。私の趣味である魚釣りが綺麗な川でできるし、魚のつかみ取りだってできる。山にも登れるし空気も綺麗だし、羽を伸ばして自然を満喫できるというのが東京にはない魅力だと思っています。お金に換算はできないけれど、もし、換算すればかなりな財産になるのではないかと感じています。

私は自然に対する思いが強く、過去に住田町に産業廃棄物の処理場を作るという話になったときには、苛立ちを感じました。そしてその時は役場に対してなぜこういうものを作らせたのだという憤りもありました。住田町ではスターウォッチングとかそういうイベントもやっていて、楽しそうだなと思っていました。そういうことも含めて住田町に就職したらいろいろやりたいことができるのではないかと思い、町役場に就職しました。

五葉地区[1]には私と同じ年の人が四人いるそうですが、みんな外に働きに出てしまったようです。この町では九割くらいが外に出てしまいます。出た先は東京や仙台市、盛岡市など様々ですが、住田町には働く場所がないから出てしまうということが現実のようです。

土倉集落の暮らしで一番良いところは、家族と集落の仲間です。家族のつながり、さらに濃い親戚という人間関係があることです。自然の豊かさよりも、むしろ、そっちのほうが重要です。

だんだん世代が変わってくると、時代の流れというか、考え方も変わってくるような気がします。今まである地区には頑固なお爺さんがいて、その人の言う通りにやっていたのが、その人が亡くなり、しきたりがなくなったり、変わったりする。一義さんの言うように、面倒くさいことはやめて、みんなが時間のある時に調整してやるとか、もっと能率的にしていきたいと思う人もいる。そうすると集落をまとめる世代が交代すると、しきたりやそのやり方もガラッと変わるのではないでしょうか。

プライバシーがない土倉の生活

この辺だとお互いがそれぞれの家の資産までわかってしまっています。何か調査があると町の中でよくわかった人に頼む。そうすると他人の家の土地がどのくらいあるかまでわかるので、本人に聞かなくても大体確認できるようになっています。自分の土地とか資産を隠すことができないわけです。つまりプライバシーというのが全くないのです。「おらだけに教えてくれ」「本当は秘密なのだけどさ」と言っているが、なぜかみんな知っている。そして悪い噂ほど早く広まる。こちらでは全て情報公開というのが当たり前という感覚になっています。しかし、隠してしまえるようになれば、つながりも途絶えてしまいます。これまで、私が生活してきた一関市や花巻市のアパートでも近所付き合いはありましたが、家同士の干渉というのは、あまりありませんでした。昔、私がここに遊びに来ていた時は、お客さんでしたから大歓迎されていて、そのような問題はわかりませんでした。こっちの家に住むようになって、ここの近所付き合いが初めてわかるようになりました。

祖父が入退院を繰り返していたので仕事をしていなかった姉がその病院に付き添ったりしていたのですが、退院してからは土倉に祖父と祖母、そして姉と私がいっしょに暮らしました。いっしょに暮らし始めた頃は楽しかったのですが、こっちに来たら当たり前に水見などの農作業をしなくてはいけないことになります。しかも「どこそこの家では朝早く起きてやっている」とか祖母がグチグチと言うのです。それが祖母だけでなく、ほかの人達もそう言っているのだというふうに感じてきて、住みづらいと思いました。自分も何かやらないと見られている、外に出ていれば「いつも出歩いてばかりだ」というような目で監視されているような気がします。そういうのが田舎はとても大変なんだと実感しました。

私が結婚する時に、妻はそれを承知していました。結婚する前の話ですが、私が母屋から通勤していた時に、私の生活についていろいろと近所の人に知られることとなりました。「夜遅くまで電気をつけていた」、「炬燵で寝た」とか全部わかってしまうのです。それは誰かが言わなければわかるものではないのですが、「意見交換会」というか、「おしゃべり会」というようなものがあり、そこで私の情報が公開されていたというわけです。大体悪いことほどはやく伝わります。だから実際には知られていなくても知られているんじゃないかと、不安になってしまう始末でした。私の母などもそのことでは随分苦労したようで、こちらに農作業などで長くいる時に祖母と喧嘩するのを見たこともあります。

こちらには短期間来て良い所だけ見て、帰って、向こうでゆっくりストレスを発散するくらいがちょうど良いのかもしれません。妻はこの町の出身ですので、ここの言葉を上手にしゃべり、私よりも近所付き合いをうまくやっているようです。

昨年の私の年収は約四百万円でした。昨年はよそに出向した関係で残業代がつかない分少なかったかもしれませんが、それでもまあまあやっていけます。昔は農協に作物をいろいろ出荷していましたが、今は出荷していません。「売ってくれないか」と頼まれた時に、小豆とか大根とかをたまに直売で出すくらいです。昔は農協に出して百万、二百万の収入があり、農業で食べるという生活だったのですが、今は逆に農業をやれば赤字です。米も食べる分だけです。今年は米も作ってないのですが、まだいっぱい古い米が残っています。父もこっちに頻繁に来るのは難しいし、私も手伝いたいけれど期待通りにはできない、最終的にどうするかは、父親が決定することになっています。今年は家の人や手伝ってくれる人の手間がかかるということで、米はやらないということになりました。

田舎に入ると結婚できなくなると心配する人を時々見ますが、私はここに住むと結婚できなくなるという不安は全然ありませんでした。経済的基盤があればどうにかなるかと考えていました。私の母は、遠野市の出身で、父とは同じ集落同士の結婚ではありません。だから田舎に戻って来ても田舎から嫁をもらうということはないと思っていたし、いい女性は世の中にたくさんいるとも思っていました。大きな声では言えませんが、バレンタインにチョコをたくさんもらっていましたので……、相手は見つかる時には見つかると思っていました。

確かに田舎だと独身のまま年をとっている人も多くいますが、そういう人を見ると今からの結婚は難しいと感じます。役場に入って十年たちますが、その頃四十歳代だった人が今では五十歳代になっています。何年たっても結婚することなく、歳だけとっていくという感じです。結婚というのは、本人がその気にならなくてはできないのではないかと思います。私がきっかけを作ったりする役をするのも必要かと考えています。

郷土芸能の継承

私は今三十一歳で、七月で三十二歳になります。妻は四つ上で、三十五歳です。妻は高校までは住田町でしたが、卒業して仙台で就職し、そこの仕事を辞め次を探していた時に、私の職場の臨時職員の募集を知り、仕事が見つかるまでということで、応募したようです。勤めてみると、元々育ったところなので居心地が良かったようです。

妻の実家は、妻のお兄さんが後継ぎで戻ることになっています。でもお兄さんが帰らなかった場合には「養子に来るか」などと言われました。お義父さんもお義母さんも冗談の好きな人で、私達が結婚する前から「結婚したら家の敦盛草[2]を十本あげる」と言っていました。敦盛草は一本三、〇〇〇円もするから、十本というのは大変なものです。

私は今、地域の伝統芸能である鉄砲隊とか剣舞とかいろいろ参加していますが、役場の職員だからやっているという気は全然ありません。高校の時から馬術、太鼓などいろいろなことをやっていました。ボランティアサークルも知らないうちにやっていました。スポーツも陸上や器械体操、バレーボールなどありとあらゆるものをしていました。大学でもウォーキングラリーの実行委員として活動していました。何かあればまずやりたいという性分なので、やることはあまり苦にはなりません。

郷土芸能については、こっちに来て少ししたら「来てほしい」とコソコソ話され、文化祭の時に「郷土芸能の練習があるから是非来てみないか」と言われました。祖母は心配して「ああいう所に行くと抜け出せない」と言っていましたが、行ってみたら楽しくて、それから自然に自分で習うようになりました。地域では「いい若い者が来た」と喜んでくれ、「将来の担い手だ」とやたらにもてはやされました。

地域の運動会の話し合いでは、運動会のことをあまりよく知らない私が「うちのお爺さんは、運動会では年寄りを無理やり走らせるので行きたくないと言っている」と正直に話したら、「そういうこともあるのか、では無理には誘わないでいく方針でやろう」と私の話しが素直に通りました。ここでも「いい若い者が来た」と言われ、知らないうちに体育協会の役員になり、次は事務局になりました。

五葉山火縄銃鉄砲隊[3]は誘われてすぐに「よしメンバーになるか」という感じでした。地元の行事には声がかかったから行ったのです。そういうのを三つも四つもやっていました。他に太鼓をやっています。太鼓はよさこいと組み合わせになっており、高校時代に私が教わった太鼓をみんなに伝えています。

それ以外のものとしては、土倉集落ではやれるのは私しかいないので、公民館の役員にもなり、消防団やバレーボール協会にも入っています。これらの作業量は半端でなく、県大会を住田町でやる時など膨大な資料や看板などを作ったりしています。来てすぐの時には、サッカーもやっていましたが、その後サッカーはやめました。

仕事の残業もあり、その上、土日や夜にはこういうこともしています。こっちはあくまで空いている時だけ出るというにしてやっています。いやいややっているわけではありませんが、ただ休みがないですから「負担になるならやめる」という気持ちです。

しかし組織が大きい方の鉄砲隊、バレーボール協会、消防団などはやめられないというか、仕事と同じで依頼が来ればまず動かなければいけないものになっています。

この地区には郷土芸能と言われているものが大きくは三つあります。まず念仏剣舞[4]で、これは小学生が扇子をもって踊りながら、後ろの方で獅子が口をあけてという踊りでお祝いの席やお正月にやるようなものです。次は権現様で、昔は死んだ人のある家庭を一軒一軒やって回ったそうです。今は後継者も不足しているし、今踊っている方々も高齢なので、段々やらなくなってきています。その年に誰かが亡くなると「時期になると亡くなったところを念仏唱えて歩いたよ」と祖母が言っていました。

もう一つが寒倉地区にある寒倉鹿踊りです。平成三年に復活したものなので、郷土芸能というよりは伝統芸能です。この近くに檜山という五葉山の麓の地区があって、ここは火縄の原料となった檜の皮が豊富にあり、ここで造られた火縄を百年に亘って伊達藩に献上したという歴史が残っています。生産量は日本一だったというまさに伊達藩を支えた地域でもあるのです。また隣の遠野市は南部藩で、自衛のために鉄砲を与えられていたという歴史もあり、この歴史を復活し再現したのが五葉山火縄銃鉄砲隊です。

毎年仙台市の青葉祭りに、私達も行ってやります。そこに行くと鉄砲隊はかなりのスターです。何百人という人が来ている所を鉄砲を持ってよろいを着て歩くわけで、普段もてない「おやじ軍団」が若い子から「かっこいい」ともてはやされるため、「一度やるとやめられない」と言います。鉄砲隊の代表者は「伊達政宗が成し遂げなかった夢を鉄砲隊が果たすのだ」と言っています。それは日本一とか天下統一ということなのかはわかりませんが、内容は変わっても、私達の名前を全国に広めるという夢はあるようです。

私と佐々木善之君、中田保正君の三人は鉄砲隊も剣舞もよさこいもやっています。佐々木君は私達のうちでは、最後に役場に入ったので、いっしょにやりたいという気持ちでやっていると思います。みんなで同じことをして、安心できるという感じがあります。最近は私の妻もいっしょにやるようになりました。本人にはそんなに抵抗感は、なかったと思います。剣舞も後継者不足で誰か若い人がいないかという話になり、さしあたり妻を呼んでみるということで一回顔を出してもらいました。その後「踊りは無理だけど、笛ならば」と本人が言い出しました。踊りは男だけというわけではなく、男女いっしょでやっていて、五十歳くらいの女性も二人います。男は今は、私と中田君の二人です。佐々木君は笛で、踊りはしていません。

練習はイベントのある一、二カ月前くらいから週に一、二回やっています。今年の師匠は同じ集落の二軒隣の紺野茂さんで六十五歳くらいの方です。次の代は私がやることがもう決まっています。しかし、私は後から入ったので周りの人の方が私より踊りをよく覚えているので、まず自分が覚えなければなりません。笛は笛、太鼓は太鼓で別の師匠がいます。予定では次の師匠に笛は佐々木君、太鼓は中田君となっています。だから一通りは形になります。ただ一人が一つだけではだめだということで、例えば踊りをしても太鼓もやらなくてはだめだということになっています。昔は二足のわらじを履くのは良くないと思われることもあったようですが、今はまず伝統を絶やさないという思いがあるので、一人でいくつでもやっていいことになっています。

妻は「顔を出すのが必要」というのを理解してくれ、「笛はできない」と言いながらもすぐにやってくれました。昔は笛を吹ける家と吹けない家という家系があって、その家しか笛は吹かないというのがあったらしいのですが、今は練習すれば誰でもできます。他にも小学校から高校までこっちで育った人がたまに笛を吹いていたのですが、卒業して盛岡に行ってしまいました。また最近まで踊りをやっていた若い女性がいたのですが、結婚して職場が他市になり、やめました。そういうことで続いてますが、人は減ってしまいました。ずっとここに住んでいる人は途中でやめるということはありません。七十歳くらいになって踊れなくなってやめるという感じです。ちなみに村では「あの人は剣舞をやる人だ」と有名になっているわけではなく、お面をかぶっているから「あの人は誰だ？」となっているみたいです。

これらはどれも後継者不足で共通しています。後継者になってもらうには、若い人に「来るのか、来ないのか」というように強引にやってはだめです。人にもよりますが、都会も同じで、サークルでも上手に勧誘できる人もいるし、下手な人にはできません。

学生の頃に、都内を見物して回るようなサークルを作ろうとして、人を呼んだことがありました。たまたま気の合うメンバーがいて、サークルの名は雑誌からとって『東京ウォーカーズ』とし、「江ノ島に行って花火を見よう」と町内にチラシを貼ったりしました。いっしょにサークルを始めた友達が言うには「まず若い女の人がいないと人は集まらない」、そして「看板になるような人がいないとだめだ」ということでした。そのサークルは一年くらいでやめたのですが、そういう経験もあったから、人の気持ちが何となくわかり「この剣舞は全然負担にならないから来てみないか」というやり方で誘いました。

町内にやれるような人はかなりいるのですが、自分からは行きづらいので誘われるのを待っているような人もいます。そのうち誘おうと思っている候補が若い人にも何人かいます。練習の回数を多くすると人が集まらないので、そこら辺も様子を見ているところです。まず関係者から広めていくのがいいと思い、私の妻に声をかけたり、今、剣舞をしている人の息子さんなども、たまに顔を出してくれている辺りから声をかけていこうと意図的にやっています。

グリーン・ツーリズムによる活性化

私は卒業論文で、土倉集落の将来像として農業を一つの観光とする「観光農業」を大学時代に大須先生から教わり、将来像の一つにいれました。また農家に住んで農業を体験するという「体験農業」もいいと思っています。これから多くの人が年金生活者になります。その年金を有効活用してみるのが良いのではないかと思いました。グリーン・ツーリズムのようなことでもいいと思います。それによってわずかではありますが、住田町に仕事が生まれます。グリーン・ツーリズムに関しては、父や妻といろいろ話しています。「田植えをした後に風呂があるといいよね」などと話しますが、「誰が管理するのか」などの問題がたくさんあります。そうするとそこで夢が挫折してしまいそうになるが、やはりやってみたい気持ちは消えません。

人がたくさんこっちに来て、別にお金を落とさなくても、一日二日暮らして遊んでいくというのは、ここの土地にとっていいことだと思います。人が来ることで死にかけた町が再生するという気がするからです。しかし難しい問題として、例えば今まで土倉集落では家に鍵をかけない習慣だったのが、ここでも最近鍵をかけるようになり、外から来る人に対して警戒するようになるのではないかと思っています。

それをどうやってうまくやっていくかというのが心配です。確かに盗難騒ぎなどが起これば外から来た人をまず疑い、そういう目で見てしまう、それはいやなことです。そういうことを覚悟の上で交流が始まるのかもしれませんが、ここの生活の仕方が変わるというか、悪い変化が出てしまう怖れも十分ありえます。

グリーン・ツーリズムなどには町の活性化助成金とかの補助金が団体に対して交付されています。運転資金はほとんどそれでやってます。イベントなどの補助金は一〇〇％ではないので、参加費を取ります。例えば六〇〇人の木工体験をやる時には、一日でやってしまうとか宿泊にするとかやり方はいろいろありますが、道具などを揃えて、大体一人一、〇〇〇円から二、〇〇〇円の会費を集めてやります。でも活動費の一割から三分の一くらいは、自分達の持ち出しになったり、割合はいろいろです。補助金などの総額は年間四十万円くらいで、他に佐々木康行さんのやっているホームページにも補助金は出ます。その程度では人間一人が暮らしていくこともできません。

佐々木さんの場合は、例えば滝観洞に第三セクターで住田観光開発株式会社というがあるのですが、そこで職員を募集している時に、彼なら入れてもいいと社長は考えていたようです。そうすると自分で企画して洞窟のリニューアルとかもできるのですが、会社で働くとなると自分のやりたいことができなくなる面もあるので、あえて入らないと考えたようです。

また「GTテグムの会」（一四一ページ、佐々木康行さんの項にくわしい）をNPO法人にして活動費をもらうという選択肢もありますが、それもしっくりこないようでまだ迷っているようです。そんなわけでアルバイトをしています。ちなみにGTテグムの会の中心メンバーは十人くらいです。

グリーン・ツーリズムそのものの動きはなかったのですが、佐々木さんなどが個人的に作ったそのGTテグムの会がグリーン・ツーリズムの中心になるのではないかと思っていました。役場の産業振興課にも町づくり推進委員会にもグリーン・ツーリズムの担当がいて、同じような仕事をしています。私は今年から産業振興課のグリーン・ツーリズムの担当になりました。実際にはこっちの方が本来のグリーン・ツーリズムの組織ということになり、産業振興課で農業などを中心にしたグリーン・ツーリズムとして立ち上げたのではないかと思います。佐々木さんとそのお兄さんがグリーン・ツーリズムの協議会を住田町に立ち上げて、組織として動くという話もあります。

しかしグリーン・ツーリズムに単独の補助はなく、町も限られた予算で運営するので、県に「こういう事業があるから、補助がもらえないだろうか」と動いていかなくてはならないと思います。とはいえ協議会の方ではいくらかでもお金があった方がいいと思うのですが、県の補助を使って自分達の首を絞めないようにしたいとも考えているようです。それに補助金に頼っているのでは本来の自立の形と違う気がしています。だから立ち上げ当初は補助金が必要でも、いずれは自立して維持できる方向で考えなくてはいけないでしょう。

最近はないのですが十年に一度くらい、災害とか台風で鉄砲水が出て下流の方に被害が出ます。ここにダムができればいろんな活動もできるかもしれない、それに安定した水も得られる、災害もなくなるだろうしということで治水のための津付ダムを種山の方に作っている途中です。しかしそれによって川の生態系が変わるんじゃないかということで、近くの集落では反対もあります。

住田町には地域づくりの五年計画というのがあり、動きはもう出ています。この仕事はまとまりがあって、事業としてはいい流れだと思っています。桜の植樹や地元で郷土芸能をするとか、秋祭りをするとか、運動会もひっくるめて一つのイベントにするように働きかけた人などもいました。また、地域の名を書いた看板を立てたりしました。地区ごとに自分達がいいのだということを主張して、逆に「あそこの地区はこんな看板が立ったけれど、うちの方がよかった」という話などが出て、地区にまとまりが出たように思います。役員任せだった地区の行事が、役員だけでなく住民がみんなで参加して植樹するとか、全体のイベントだからみんな参加してお祭りをしたりして、ふだん顔を合わせない人も顔を見せたり、人付き合いというか地域の団結力が深まったというのが成果でした。

農業については、一旦外に出た人も仕事を辞めれば戻ってくるのだということや、私達の世代は地元や親を守るという意識が残っているから、そういう人達は戻ってくる場所さえあれば、戻ってくるのではないかということも考えています。

農業についてはこんなことも考えられると思います。大根は多少汚くても良く、出荷は楽ですが、値段は安い。そういう大根は箱一つ一、〇〇〇円くらいで出荷できます。汚いといっても見栄えが悪いだけで、質は良いので、それを農協が加工する。そうすれば農家の収入になるのですが、農協の加工工場は合併してなくなりました。

住田町の農協はかなり借金を抱えていて、隣の市の農協に吸収合併され、職員も減らされ、陸前高田市農協になり、住田町は支店になりました。さらに今年（二〇〇八年）の五月に今度は陸前高田市と大船渡市の農協が合併して、大船渡市農協になりました。住田町には加工施設の隣の建物が一つだけ残り、そこに職員が五人くらいだけいますが、あとは散らばり、ほとんどは辞めてしまったようです。

観光については五葉地区に町第一の観光地である滝観洞があります。この観光地の一番の欠点は、一度行った道をまた戻ってこなければならないということでした。つまり行き止まりの一番奥にあるわけです。ところが、インターチェンジができて、通りがかりの道になりました。山奥という見方からは、今度は便利な地域に多少変わるのではないかという期待もあります。もし道が抜けられれば観光客にしてみれば洞窟に行って遠野市に行くとか、遠野市に行ったついでに洞窟を見て、今度は大船渡市に行くとか、そういう選択ができるようになるので、観光としての見方はだいぶ変わるんじゃないかと思っています。この洞窟がテレビで放映され、また道路が便利になり、賑わい、地元で雇用が生まれそうです。雇用と言っても、収入を得るきっかけができるくらいですが。

廃校となった旧五葉小学校の前で、有志が直売所をやっています。やっている人は、五十歳代〜六十歳代前半くらいの人です。私の家もたまに出したりして、妻が時々手伝いに行きます。組合員ではなくても商品を出してよいそうですが、組合員であれば売り上げの一割を組合の口座に、それ以外の人は、二割を組合口座に入れる仕組みになっているようです。そうしていくらかでも商売の楽しさが味わえ、生活の足しになるかという程度です。

そうすると、この土倉集落が車の通り道になって、それはそれでまた、道路が危なくなったり、川が汚されたりするという問題も生じてくるかもしれません。

田舎にとけこめない移住者

最近、町の外から来た人が住田町にとけこめないという問題が起きています。数人が農業をやりたいと移住していて、町では担当者が空き家を紹介したりしています。実際に移住してきた方の多くは、自然の魅力や自由を求めて来たのだと思いますが、一人の人は人付き合いに失敗し、また他の所へ移動したようです。自給自足でできるつもりでいたのに結果的には上手くいかず、結局まわりにとけこめなかったとも聞きました。行事も多くはなじめなかったようです。

妻はそれが現実だろうと言っています。外から来る人は、田舎の実態を知らないので、そう思うのが当たり前で、その気持ちをそのままストレートに出しているというか、都会から田舎に来る人はみんなこんな感じなのだろうと言っています。結局、田舎に対して漠然といいイメージしかなかったのでしょう。そのイメージや理想だけで来てしまうので結局「違う」となるのはしようがないと思います。

もう一人は同じ頃来た人で、町営住宅を借りて農業をやりたいと土地も借りた新規就農者です。彼らは草刈り機も使わず、自分達の手で刈るなどこだわりのある自然農法を実践しようとしていました。雑草の中にただ種をパラッとまいて、鳥につままれようが、何しようが、ちょっとだけ出た芽を見て「よかった!」と喜んでいた。まだ三十代で奥さんと子どもとお母さんを連れて来ていて、最初の頃は周りの人からも助けられて「住田町はいい所だ」と喜んでいた。しかし夏頃に草がどんどん伸びてくると「そろそろ草刈りしないとカメムシなどの害虫が増えて、周りの田んぼにも来てしまうからだめじゃないか」と周りから言われた。でも「自分はこういうやり方でやりたいのでやらせてくれ」と言っていました。また田んぼを作りたいということで水を入れて植える状態にしたのに、いろいろな理由で苗を植えなかった。苗は買って田んぼの脇にあるのに植えないのを周りの人が見て「植えられないなら俺達手伝うから」と言っても、「自分達でやりたいからそのままでいい」と言っていた。そのまま植える時期がどんどん過ぎて六月末になり、もう植えてはいけない時期になるまでほったらかしにしていた。結局それは自分達でもだめだというのがわかったようで植えないで終わりました。

やはり周りからいろいろ言われたのでしょう。自分のやり方だと通していても、周りの人は親切で教えてくれても、全部悪口にしか聞こえなくなってしまい、「自分もあと少ししたらここを出る」と言っています。次の場所も決めて、二人は確実に出るようです。これも妻は初めから予想していたようです。「永住するわけないじゃない」と言っていました。理想と現実のギャップがありすぎるのでしょう。しかしそれは来るための勉強不足だと思います。実際にやってみた経験があるならいいけれど、やってもみないのに農業の理想だけ追って、自分には無農薬で何でもできるというような錯覚を起こしている。裏返しに言えば、今農業をしている人が馬鹿みたいだということでしょう。自分がやればもっと上手くやるのだというような思い上がりがある。都会人には良くありがちなことなのかもしれません。

この現状を見て妻と考えたのは、ここは外から来て長くいるには難しい所だろうということです。最初から永住と言うのが無理なのではないかと思います。人を増やしていけば、ひょっとして永住してくれる人もいるかもしれないと思っていたのでしょう。

農業というのは大体一年を通してひとまとめですから、文句を言って出て行った人も一年四カ月くらいは頑張れた。だから初めから一年とか期限を決めれば、いやでもなんでも一年はいてくれると思う。永住する人を求めるよりは、やってみたい人を初めから一年単位で「ちょっと住田町で試してみませんか」と誘うやり方が良いのではないかと思います。逆に「どうせ、無理だべ」とけなしておいて、「いられるものなら、いてみろ」くらいの対応がよかったのではないかと思う。「本当にあんた達できるの?」というようなコマーシャルにして、それでも来たいならちょっと試しに来てごらんとするのが良いかもしれません。

素人が突然「自給自足でやります」などということは絶対に無理なので、よっぽど根性のある人なら自分で民家を借りるとか、希望があれば民家を貸してもいいですけれど、自信のない人は初めから農家にいっしょに住んでしまえば、いい場所を提供して、ゼロから自分でやるのではなく農家の手伝いをして少し覚えるというのがいいと思います。三年はきつい、一年、もしくは半年くらいで冬場はなしにするとかがいいかもしれません。この辺の後継者のいない家のお婆ちゃんなどは手伝いの人がほしいのです。だからそういう人がもし受け入れられるのであれば、先行きがあるかもしれない。手伝いやアルバイト的にやって、できるかどうか試す。農業は経験でしょう、マニュアル通りにやるだけでなく問題がどこにあるかということくらいは気づけるようにならないとだめだと思います。

注

(1)「住田町総合計画後期基本計画―五葉地区―」は「昔は〝甲子(かっし)〟と呼ばれた地区であった。五葉山にちなんだ五葉小学校の名称から五葉地区と呼ばれるようになった」「五葉地区は、住田町の東部、県立自然公園五葉山の北山麓に位置し、東方を釜石市、南方を大船渡市、北方を遠野市に接している」と述べている。

(2)淡い紅色の花を咲かせるラン科の山野草、町の花でもある。「住田町観光ガイドブック」住田町役場。

(3)五葉山は藩政時代、伊達藩直轄の「御用山」として手厚い保護下にあった。(略)五葉山は古名を「檜山」と呼称した。その名が今も集落名として残っている桧山地区は、かつて南部藩を目前にする土地柄であり、伊達藩から特別に鉄砲十数丁が与えられており、自衛のための鉄砲隊が組織されていたといわれている。このような歴史的背景などをきっかけに、平成三年に「五葉山火縄銃鉄砲隊伝承会」が設立され、江戸時代の儀式を再現し、各種イベントで古式ゆかしい演武を披露、武術的文化の再現・伝承活動として高く評価されている。住田町教育委員会編『住田の歴史と文化』平成17年3月。

(4)「鎧剣舞」の一つで、踊り手が口々に「念仏」を唱えながら進行する。この剣舞は、お盆行事として先祖に感謝と供養の念を捧げ、五穀豊穣を祈願する民俗芸能で、一時中止されていたが、昭和六十年地元中学生の関心の高まりによって復活したのである。（前掲『住田の歴史と文化』）。

（3）藤井まさこさん

私は生まれてから、高校卒業までこの町に住んでいましたので、噂がどう広がるのかということはだいたいわかっていました。正直、つまらない町だと思っていましたし、家を継ぐ必要もありませんでしたので「絶対田舎から出ていこう」と考えていました。

高校を卒業し、仙台のデザイン学校に通い始めると、好奇心を満たせる環境の中、同じ趣味を共有できる友達や仲間と意気投合し「なんて自由で楽しいところだろう！」と快適に過ごしていました。そんな状態でしたので、もはや実家に戻る気はなく、このまま仙台に住むか、東京へ行くか、はたまた世界も、できることなら見てみたいと、とにかく、色々な所へ行ってみたいと思っていました。

仙台での楽しい生活

卒業後は設計助手として建築事務所に勤めましたが、お給料が安く生活が苦しいという理由のため一年で辞職し、その後半年間求職の末、土木コンサルタント下請け業の小さな設計事務所にアルバイトとして入社しました（半年間は試用期間、その後正社員）。この事務所の社長は、土木設計の世界では、名の通ったコンサルタントで、優秀であると良く自慢しておりました。実際、元請さんも頭が上がらない存在でありましたが、本人も言うよう少々変わったお方で、事あるごとに会社の模様替えをしたり、社員をクビにするのが好きな方でした。模様替えはひどい時は、二週間に一回。社員切りは一人入れば、数カ月に一人という具合で、短い時は一カ月で切られる始末でした。続けて雇われる社員は、社長を除き二名程度になっていました。幸い私は、三年で主任になり、創業以来最長五年間勤続することができました。私の次に長い人は二年間でした。

それでも都会の生活は、今思い出しても楽しいものでした。この業界は仕事がハードで知られていますが、その分月給も住田町の約二~三倍の二十万~三十万円弱はもらっていましたので、日々楽しく暮らすことができました。

建築業はどちらかと言うと男性社会で、女性社会よりは人間関係が楽かなと思いましたが、仕事はハードで毎日帰りは十時ころ、忙しい時は徹夜でパソコンに向かい、図面を何十枚も作るという仕事をこなしていました。

そのためかどうかはわかりませんが、同業者の間では病気がちな人が多く、特に女性は婦人科系の病気を抱えている人が多くなっているように思います。先輩の女性からは「そうならないよう気をつけなさいね」とよく言われていました。そんなこともあり、私自身も「もしかしたら子どもが産めないかもしれない……」という妙な脅迫感は常にありました。インスタント食品などは極力食べないなど食生活には特に気を遣っていました。

今のままでは子どもはできないかもしれないから、子どもを産むのであれば田舎という考えを持つようになりました。その後、縁あって田舎で今の主人と結婚したわけですが、三年間は子どもができず「やはりできないのかしら？」という危機感に悩まされていましたが、幸い病院へ行くこともなく三年目に子どもができてホッとしました。

仙台での有意義で楽しい生活も八年目となった頃、いよいよ私も肩たたきにあいました。理由は「居眠り」でした。最初の三年間位までは仕事を覚えるのに精一杯で、大丈夫でしたが、それ以降は、ちょっと……。こればかりは言い訳できませんでしたし、コロコロと環境や人が変わる会社にも嫌気がさしていましたので、内心願ったり叶ったりのタイミングでした。ひどい社員でした。しかし、時効だからいいますが、社長もよく〝舟を漕いで〟おりましたよ。

そんなこともあり、失業者となって間もなく実家から「役場で臨時職員を募集しているから、とりあえず受けてみたら?」と電話がありました。「仙台で、仕事を探すのであれば、実家のある住田町から新幹線で通っても、家賃よりは安いかな?」と安易に決め、早速履歴書を送り無事採用されましたが、まさかこれが都会暮らしにピリオドを打つことになろうとは夢にも思いませんでした。

このような事情で仙台市から田舎へ戻り、十月初旬頃だったと思いますが、役場へ出勤。簡単な紹介の後、「じゃあ、あなたの席はあそこです」と、指差しされた先にはパソコンのデスクトップがあり、その上からぬーっと、やたらにこにこした細い目が「早くこっちにおいで、おいで」と言わんばかりに覗いていました。思わず「気持ち悪い」と引いてしまいましたが、それが夫との初対面でした。それからしばらくしたある日、彼の飄々としながらも、堂々たる背中を見た時に「結婚する人かも」とアンテナが働き、結婚してしまいました。「ちゃっかり田舎へ戻り、うっかり結婚しちゃいました」というのが正直なところです。

これで私の「田舎脱出計画」はすっかり狂ってしまいました。

土倉集落に嫁いで

私は兄と二人兄弟で跡取りは兄ですから、藤井家に嫁ぐのには何ら問題はありませんでしたし、結婚後は住田町で生活することも、いずれ藤井家で同居するということも承知の上でした。同居するなら結婚の最初からしたほうが良いとさえ言っていました。

農家に関しても、農業についても全然知りませんでした。仙台にいた時、ちょうどバブルがはじけ世の中が不安定になりました。その頃、親友が「これからは自給自足、お金がたまったら海外にでもトンズラしようかなー」なんて言っているのを聞いては「ふーん」と何の抵抗もなく受け止めていました。ですから農家の嫁でも良いかなあ、という感じでした。農家だから結婚したくないという気持ちはまったくありませんでした。

また、私は住田町の中でも役場などがある比較的賑やかな世田米[1]地区に住んでいましたので、他の地域はほとんど知りませんし、他地域の人はもちろん、そこでの人間関係もわかりませんでしたから、上有住地区に住むことには何の抵抗もありませんでした。しかし親はいくらかその辺の不安を感じていたようで、陰で多少気遣っていたようでした。

私は親にも変わっていると言われるくらいですので仕方がないですが、この土地にはあいませんでした。都会へ行く理由の一つもそれでした。とにかく噂のような面倒は苦手でした。それでも「噂を気にしてもしょうがない。我が道を行こう」と適当に経験であわせることはできました。住田町の水にあっても、人にはあわなかったように思えます。仙台市へ一度出たことで、それは明らかになりました。ですから、住田町へ戻っても特に何も期待はしていませんでしたが、一度外へ出たせいか、知らない田舎へ来たような新鮮さがありました。

また、嫁ぎ先の土倉集落は小さい時、その奥にある洞窟へ一回と、昔、その近くにあったスケート場へ一回行ったことがあるだけで、同じ町内といえども私にとっては未知の世界でした。実際、生活してみても全く別のカルチャーを感じました。

結婚前に夫と二人で来た時も木造の旧小学校など懐かしい景色を見ては「すごくいい所ね、この地区は何か広大なものを感じるね」というような話をしては色々空想していました。


役場の臨時をしていますと、住田町内の情報を知ることができるという新鮮な気持ちで、様々な行事に参加しました。例えば切干大根の料理コンテストですが、このコンテストの担当は夫でしたので、盛り上げるために「出してほしい」と頼まれ、義理で出すことにしました。いつもだいたいそうですが、夫はいよいよとなると仕事に身内を巻き込みます。私はもともと考えるのが好きな方でしたので、母と二人で五品出品しました。その甲斐あって一品は入賞で漆器の菓子入れ、あとは参加賞の切干大根セットをいただきました。

しかし、そこはお人好の我が夫殿、参加賞の切干大根は料理の種類が少ないうえに（そのためのコンテスト）農家であればどこも自家製切り干し大根もあるので、一人一セットで十分なところ、一品に対し一セット参加賞にしてしまったため、私は四品分もセットをもらってしまっていやになったばかりか、他の方々からもさんざん「嫌がらせか?」と言われてしまいました。まったくしようがない人なんです。

そもそも私はわれわれとは価値観が違うお堅い方々は少々苦手でしたので、公務員との結婚はこれまで考えたこともなかったのですが、夫は先の体験のような面白いことや絵を描くなど感性が豊かな所などもあり、価値観も似ていましたので結構興味を持ちました。

結婚したら、すぐ祖父母と同居しようと思っていましたが、お爺さんとお婆さんの「若い人が気を使うから外で暮らした方がいい」という気持ちを尊重し、二年間は別れて生活しました。

三年目に子どもができたこともあり、私は一時里帰りをし、夫は祖父母といっしょに土倉集落で暮らしました。子供が生まれ、ある程度落ち着いてから、私は子供といっしょに土倉集落に戻って来ましたが、やはり夫の祖父母と実家の両親が全くの同居は気遣いもあるだろうからということで、大工である私の実家の父に馬屋（まや）のリフォームを依頼し、一階に居間とトイレ、二階に寝室を作りました。その後、子供が這い這いをするようになってからは危険だということで結局祖父母の母屋で同居生活をしていました。ところが、それが原因で祖父が「作ったのになぜ使わないのだ？」となにかにつけ、夫を説教するたびに、引き合いに出しては喧嘩して「出て行け！」というようになりました。

喧嘩に馴れない私としては、その都度苦痛でしたが、夫に言わせるとあれは喧嘩ではなく話し合いだと言い「出ていけ！」も本心ではないとのことでした。私は子をかばいながら耐えていましたが、毎晩のように「出て行け！」と言われれば、さすがの私も「はい、そうですか！　では出ていきます」となってしまい、別居するために旧馬屋の一階に台所とお風呂をつくりました。それでもご飯は私が作り、三食母屋でいっしょに食べていましたので、台所は無駄になってしまいました。

よそ者に注がれる目

この間の二度のリフォームは、予算などの関係で私の父に依頼しました。その時も夫の家では「うちの親戚にも大工がいるのに何故よそに頼むのだ？」と嫌味を言われました。亡くなった祖父の弟が大工だったのです。田舎は集落の意識が強いですが、土倉集落はほとんどが血縁だから、身内意識も強く、つまらない言い合いをよくします。

家を作る時にも色々ありました。話せば長くなりますが、例えば近所の人などが見に来れば祖母を相手に「なんだ、あの大工は？　あんな安い材料を使って」とか「あんな作り方をして」などと言う……。父にしてみれば、娘を案じて希望を叶えるべく「できるかぎりお金をかけないように」したわけですし、祖父母や親戚にしてみれば、「あんな材料じゃ長く持たないから」など祖父母や私達を案じての発言なのでしょうが、父がかわいそうでした。

しかしそれは父にだけではなく、すぐ隣の中沢集落の人達に向けられることもあり、「中沢集落の人達は暇があれば通りで立ち話をしている。怠け者が多い」という。なぜなら土倉集落では働くのは当たり前、何もしていないのは怠け者。ちょっとの娯楽も許されないほどの働き者なのです。ですから、足にヒビが入ろうが、目まいがしようが働く。他地域での「土倉集落は働き者」という評価には一種の皮肉も込められているようです。不屈の精神には尊敬の想いもありますが、私には無理です。すぐ隣の集落に対してもそのような感じですから、私の実家のある世田米地区はもう別世界です。しばらくの間、世田米地区の大工の悪口を言われました。陰で言っていても不思議と当人には聞こえてきます。本人に言わないのですが、親戚中、つまり集落中で言っているので嫌でも耳にすることになりました。

私の父が仕事をしている間、近所の人が、時どき見に来ていました。近所には自分で小屋を建てたり、大工仕事を手伝ったりした経験がある人が結構居て、「あれで大丈夫なのか？」とか親切心から祖父母へ言う。私達ではなく、祖父母へ問うわけです。そういうような助言を無視できない祖父母は、別の身内へ、相談へ行く。決して悪意ではなく、むしろ家族を案じるが故のことなのですが、なぜかそのようにしているうちに悪い話だけが際立ってしまうわけです。何かがかみ合わないというか、おかしなもので、それは農業に関しても同じです。

結が農村社会を支えているが

都会では親しき仲にも礼儀ありの暗黙の了解で成り立っていますが、土倉集落では気を使って喋るというか、気を遣いすぎて喋る。ですから遠慮はなく常に厳しい。この感覚は、都会の人が理解するのは無理でしょう。私はこの町に生まれ、ある程度の心構えと経験で対処してきましたが、おそらく今まで別居していた義母も辛かっただろうと思います。何故なら義母は遠野市出身だからです。根拠は全然わかりませんが、土倉集落では「遠野市の人達はずるくて根性が悪い」というのです。まさに集落意識です。

内輪の相談をする時、祖母は祖母の従兄弟や本家とかに相談するのです。昔から兄弟のようにいっしょに育てられ集落内の結びつきが強いため、私などは部外者のように扱われることにも違和感もありましたが、嫁姑の一般的な関係もあるのかもしれませんし、結（ゆい）の精神で今日まで祖父母が無事暮らしてきたのであれば仕方がないのかなとも思っています。

結と言えば美しいですが、たとえ親戚といえども嫁から見れば「もとは他人」、プライバシーを損なう「血族結束の結」のような窮屈な結びでなく、少し緩い結びのほうが美しいのになぁと残念に思います。それでも、家族や親戚の最初の思いやりの部分や日々お世話になっているということが頭にあるのでどこか許してしまう部分があります。また、八十歳代の祖母が私達の家を建てる時に、小さい体で精一杯土地を守る姿を見せられると……いくら農業に興味があってもなかなかできることではありません。私にはできません。家の農地を、ひたすら他には見向きもせず、守る祖母の姿勢には感動があります。

その姿に惹かれ、私も少し手伝いました。最初は手伝いで大根の種まきや収穫。そのうちキュウリやキャベツ、ブロッコリーなど、コストがかかるので種を買って、苗おこしもやりました。自分で作る野菜は美味く今でも続けていますが、私がやっているのは祖母のほんの一部であって実際は他に田も畑もありますが、そのほとんどを祖母は一人で（祖父がいた時は二人で）見ていました。八十代の祖母は「もう精一杯だよ」と自身を嘆きますが、それでも辞めることなく毎日休まず働いています。祖母を案じ「温泉行く？」と誘っても「畑があるから行かない」「休まないと倒れちゃうよ」と言っても休まない、私にはできないことを黙々とやり続ける。凄いです。ですから、結局頭が上がりません。

とは言うものの、辛いものはやはり辛い。お姿さんには少し困ったところがあります。それは「このやり方でないとだめ！　今、今すぐ」というように、自分の思ったことには融通がきかなくなることです。田の水見一つでも、夫は仕事をしていますから都合に合わせ一日の中で適当な時に見に行けばいいと思いますが、祖母は朝、それも「早朝四、五時頃じゃなきゃ水路の水が他の家の田にいって流れてこなくなるから」とやり遂げるまでせかしたり言い続けたりします。経験上それが効率いいという配慮ですが、こちらは仕事も子育てもしているし、まして農業は初心者。全てを祖母に合わせるのはすごく大変です。人から言われてやるのと、自発的にやるのでは意欲が全然違いますので、どうしてもやらされているのは苦痛になってしまいます。

今年の我が家の一番の問題は「除草剤」を使うかどうかということでした。「除草剤」が体に良くないことはみな百も承知でした。ですから、義父母は祖父母に「除草剤は使わないこと」と、ずっと言い聞かせていました。しかし、ご老体でこの敷地の草を全部とることは無理なので「この体で全部やれというのか！」と怒って去年までは無視して除草剤を撒いていていました。

今年になって祖父が亡くなり、祖母が私に「お父さんとお母さんはああいっているけど、どうしよう」と相談にきました。本当は私がどうにかすればいいのでしょうが、子育てや祖父が亡くなったことなど気持ち的に手がつけられない状態でしたので、「今年こそは義父母が草取りをやると言っているからまかせましょう」と言い、祖母も「どうなるか、まずまかせよう」いうことになりました。

しかし実際には、取っても三日でまた伸びる草を取りきれるものじゃない。そんな状況を横目で見ながら祖母は除草剤を使いたい気持ちを一所懸命我慢しました。

田は、今年お休みしたので除草のための田打ちをしなければいけませんでした。仕事の都合と草の都合でやはり「まだか、まだか」と同じように祖母は訴え、打った後に目立つ草だけ手で抜きに行ったりしていました。

それでも秋になると「もうだめだ！　これでは種がこぼれて来年はもっと酷くなるから除草剤かけるけれどい

いか？」と聞くので「お義母さんだって、あそこの草は取れなかったからいいんじゃない」と私が答えると、その後祖母は遠慮がちに除草剤を撒いていました。「除草剤が悪いことくらいわかるけど、はかどらないもの」と言いつつ……。それでも今年は良く我慢しましたが、結局除草剤を使用してしまいました。

　使用したといっても、田の中ではなく田の畔や農道、山際などに撒きました。田の畔などに除草剤を撒くと草の根が無くなって側面が崩れるということもあるし、田の脇なので気持ちが悪いということで様子を見ながら撒いていました。

　草刈り機でやれば楽かとも思いますが、三日に一度やるわけにもいきません。夫は、祖母が除草剤を使い始めると、畑でも撒いてしまうのではと心配していました。部落では、除草剤でも何でも草がなければ良いという考えがあるようで、綺麗にしておかなければ誰かに何かを言われることもあります。皆が見ているのです。最近では少し変わってきたかもしれませんが、それが悪循環の元になっているようです。

　念仏剣舞についてですが、きっかけは後継者不足で誰か若い人がいないかということで夫が「さしあたりうちの奥さんでもよんでみますか？」ということになり、顔を出し考えた末「踊りは無理だけど、笛ならば」と私から言いました。伝統継承の手助けになればと、ただそれだけで続けてはいますが七種類ある念仏独特の節が覚えられず、今でも苦しんで練習しています。

メンタルなケアが必要

生活に関しては、四人家族の生活費を夫から月四万円渡されています。保育園の月謝などは別に夫が支払いをしていますので、主に食費として使っています。

夫は「この辺ではこれで十分」と言っていますが、育ち盛りの子どもの服や保険、冬期は灯油の支払いをしていた時もありますので当然足りません。それでも農家ですのでお米と野菜はありますから、どうにかやりくりはしていましたが、やはり副収入が欲しいと思いました。

働きに出たいと言いましたが、子どもが小さいし、パートではガソリン代を稼ぐようなものだと反対されましたので、仕方なく野菜や、ハンドメイドの雑貨などをつくって親戚のおばさんが中心となって行っている直売に出し、副収入にしました。収入と言っても地元のお婆さん達が通う小さな直売で、野菜など売る物は皆同じ、買う人も作っているということで、売れてもせいぜい一日三〇〇円～一、〇〇〇円がいいところ。夫のおやつ代かお弁当代にしかなりませんでしたが、子育てなどで社会との接点があまりなかった私としては結構楽しいものでしたし、生活の足しにもなりました。


このころ婦人部活動と地域づくりというものを始めました。このことがきっかけで地域を深く考えるようになりました。そこで最初に見えてきたのが介護・子育てなどの生活苦でした。また、中には税金を支払いたくても支払えない方もいました。平凡な私にもできることをと考え、とりあえず町には縫製会社があり、縫製が得意な方が多いので、それを活かして働けば、少しでも収入になるのではないかとも考えましたが、今から思えば大それた考えでありました。そこで少しでも農作業や介護時に気持ちが明るくなれればと思い、かわいい柄で夏場でも気持ちのいい手拭いで腕ぬきを作ってみましたら、その評判は良く、それから、いろんな人の意見を参考に、改良を重ねました。意見の中には「カブリ（三角斤のようなもの）も作ったら？」というのもありましたので、

ご協力いただいた藤井家の方々（中央は大須）

腕ぬきとお揃いでカブリを作ったらこちらもまた評判がよく、作り方も簡単でしたので、直売のおばさん達にも「良かったら店番の間に作って売ったらいかがでしょうか？」と勧めてみました。これは結局、売り物にするのではなく、楽しみにやっているようなものになっているようです。

腕ぬきはコストパフォーマンスが合わずやめてしまいましたが、カブリはお得意様もある人気商品になりました。また、手作り雑貨は野菜と違い在庫管理が楽でしたので、私や直売にとっても都合の良いものでした。

それらがきっかけで、主婦や田舎に小さな幸せを提案できたらと思い、サークルをつくりました。活動は手作り品販売。それを元にお客さまにお茶をふるまったりボランティアをしたり、決まりはないですが、とにかく苦しい田舎暮らしに少しでも彩りを添えたかったのです。非常に小さな活動ではありますが、グリーン・ツーリズムを進めていく上でも、その他の活動を行っていくためにも、これからの社会では根底でこのようなメンタルケア的なことをするというのは案外必要になっていくのではないかと思っています。（仮名）

注

（1）昭和三十年四月一日付で、気仙郡北部地区（世田米町・下有住村・上有住村）の一町二カ村の合併が決まった。上・下有住の「住」と世田米の「田」を取って『住田町』とすることに決定した。（前掲『住田町の歴史と文化』）。

中田保正さん、紺野輝幸さん

（1）中田保正さん

仙台の大学生活で特にいやなことがあったわけではありませんが、人がいっぱいいる所でずっと生活していくという気持ちはありませんでした。こっちに帰ってきたほうがいろいろあわただしくて、自分のプライベートな時間というのはあまり持てないだろうとは思っていましたが、それでも誰が住んでいるのか、住んでいるのか住んでいないかもわからないような、何かあっても助けてくれる人もいないような暮らしは人間の生活ではないと考え、帰ってきたというのが、一番大きな理由です。こちらにいれば近所の人はみな顔も知っていて、行き会えば「おはよう」とか「どうも」と挨拶し、何かあれば助け合う。そういう生活が本来あるべきというか、そういう中で人は本当に生きていけるのではないかと思いました。

やっぱり田舎暮らし

大学に入ってから、それをよく思うようになりました。高校生として盛岡市に出た時にはウキウキしていただけで、自分がどんな風に生きていくかなどを考える余裕はありませんでした。大学生になって、一人で考える余裕が出来てからそう思い始めました。

高校に行く時点では、仙台に行くことは考えていないで、盛岡市辺りで就職して親を呼ぶようなこともあるかとも思っていました。

「いい学校に行って、いい所に就職して、盛岡でも仙台でもいいけれど家を建てて、父さん母さんを呼んでくれ」と小さい頃から言われていた。その影響で高校も盛岡市にしました。

でも、大学に入って真剣に自分の就職とか、結婚とかを考え、自分の子供を育てる環境なども考えるようになりました。自分が生きていくというよりは、子供を育てる環境として考えた時に、便利さもないし、お金も都会ほど稼げないだろうけど、それでもやはりこっちに暮らしていたほうが人間らしい、いい生活が送れるのではないかと思って、こっちに戻ってきました。

私はまだ独身で、子育てはこれからですが、ここで子育てをしたいと思ったのは、やはり人間の繋がりがあり、助け合いがあることが大きいと考えたからです。田舎の苦労は親がすればいいだけのことだと思っています。生まれてくる子供には病院が遠いとか、買い物に行くのが大変とか、ゲームセンターに行けないとか、そういう思いをさせるかもしれませんが、でもきっと大人になって、そのほうが良かったと思ってくれると、そういうのを期待して、ここに住んでいます。特に大きな出来事があってそう思ったというよりは、じっと考え続けてそう考えるようになりました。現実に就職先を考えるようになってからも、仕事をするだけが自分の人生じゃないと思い、就職と同時に自分の将来というか、そういうことを生々しく考えるようになりました。

実際には、お年寄りでも、この土地に残らずに都会に出たいという気持ちがある程度はあるのではないかと思います。老後は都会の便利な所で静かにのんびり暮らしたいとか、病院も店も近くにある所で過ごしたいというような考えでしょう。盛岡市ぐらいだったらそんなに都会というわけでもないので、半分田舎、半分都会のような感じで過ごしやすいと思っているのかもしれません。

私の両親もここの暮らしで苦労したという思いがあり、店をたたんで都会に住みたいと思っていたと思います。病院は遠い、買い物するにも都会みたいに「ちょっとそこまで」というわけにはいかない。ガソリン代がかかるから一つ二つの用事じゃ出かけられないとか苦労した思い出があり、その反動で盛岡市などの都会に住みたいと考えていたのかもしれません。

私が役場に就職すると言った時には、父はすんなり「よしよし」とは言わなかったけど、戻ってきたことに対してうらみ、つらみを言われることもありませんでした。今、父は畑や山に行ったり、産直をやったりして結構楽しんでいるようです。父は農業をずっと前からやっています。母が、今ではずっと家にいて、家と店をやり、父が畑仕事や山仕事をするというようになっています。

父は三、四人共同で町の山を借りて、そこの木を切って炭の原料にしています。町有林を貸し出すということは今までも普通にやっていたようです。自分の山の木は全部切ってしまったか、あるいは家の山は奥山過ぎて搬出も大変ですから、お金を払ってでも条件の良い山を借りた方がいいということなのかもしれませんが、父に聞いていないので確かではありません。今借りている山は、軽トラックが入っていけるようなので、搬出に手がかからないそうです。

窯もとても一人では維持できないので、三〜四人の共同で使っています。皆で相談して焼く日を決めて、順番で窯を使っているようです。窯は毎回落として、次に焼く時に窯をあげるようです。商売でやるのであれば年中やるから窯を落とさなくていいみたいですが…。

ここにいること自体が心地いい

私は、ここでは田舎暮らしらしいことは全く何もしていません。土いじりもしなければ、山にも行かないし、釣りもしない。ここにいること自体がとても心地いいと感じているので、一番大切というほどのものではないですけれど、休みの日に何も考えないでのんびりするのが一番好きです。

いろんな人と鉄砲隊などで活動するのはもちろん大切なことですが、複雑な思いもあります。役場職員だとどうしても出ないといけない、みんなが「役場の人だから必ず出てくれる」という目で見ていて、正直しんどいです。出るのが大変な時でも出なくてはいけないという半ば義務感もありますが、義務感で出ても結果としては楽しいと思えるので、そういう時間も大切だと思っています。

都会のサークルだと、志を同じにするだけで集まっているのでしょうが、こっちの鉄砲隊では地縁血縁みたいな面もありますから、やはり違います。志はもちろんある程度同じなのですが、その土地にいっしょに住んでいる仲間という繋がりもあり、志だけをいっしょにしている団体とは、楽しみ方や雰囲気がやはりちょっと違います。

その繫がり方は強い面もあれば、弱い面もあります。志という点で考えれば、都会のサークルの方がまとまりは強いでしょうが、鉄砲隊は志だけでなく「だれそれに誘われたから協力しましょう」という集まりなので、何か一つの目標に向かってやるという時には繫がりはちょっと弱いのですが、何かあった時には他人なのだけれど他人ではないというようなゆるい繫がりで、崩れにくいかもしれません。表現には困るのですが、私にはこの関係が心地いいのです。

もう一つ、活動自体が親も祖父母も知らないような昔から続いていることで、それを自分がやっているということで、伝統の継承をしているような、自分で「すごい」ことをしているという思いがあります。踊りを踊ったり、鉄砲を打つこと自体が「すごい」のではなく、昔からやっていることを、今自分がここでやっていることがすごいことなのだとふと思い、それが満足感に繫がっているような気がします。

日常あくせく働いていると、その時その瞬間のことに一喜一憂しがちですが、剣舞や鉄砲隊をしていると自分はもっと大きな時間の流れの中で、今ここにいるのだと感じられ、それがとても心地いいのです。星を眺めて宇宙は広いのだなと思うのと同様に、剣舞を舞ったり、鉄砲を打ったりしていることで、自分が今生きているのは一瞬で、この世の中が今こうあるのは、自分では計り知れないくらいの時間を経て、今この一瞬で踊っているのだと感じることがとてもいいのです。

大学でも日本史関係のことをやってきたのですが、そういうことを思うのが好きです。自分はちっぽけだと思うのが好きだというのは、他人とはかなり違うのではないかと思います。雑誌などで流行り廃りを必死で追いかけては取り残され、また追いかけては取り残されというようなことをやっているのを見ると、自分はそんな目先のトレンドじゃなくてスケールのでかいものをやっているのだということに優越感を感じます。

子供を育てる環境を考えた時に、自分は生きているのではなくて、生かされているという感じをわかってほしいです。自分がそう思っていることを子供にも感じてほしいと思いました。それで、こういう利便の悪い所に住むのが良いのじゃないかと思ったのです。都会ではお金を持っていれば何でもできる気になっていました。もし、一つバスを逃しても、すぐ次のバスが来て、何か足りない物があれば、どっかに行けばほしい物が手に入ると思っていました。でもそうではなくて、自分が生かされているというのと、自分の力で生きなくてはいけないという経験を子供にしてほしいと思っています。

私自身が生かされているとか、自分の力で生きなくてはいけないとかいうことに気づいたり、学んだりしたのは就職活動の時で、三年の終わりのあたりです。公務員になる道しか考えていなかったので、他の人より就職を考えるタイミングがかなり遅く、三年の終わりくらいに一気に考えました。四年生は卒論を書くだけが仕事だったので、学校に行かなくてもよかったから家やその辺を散歩しながらそんなことばかりを考えていました。

きっかけは特に何もなかったのですが、将来の自分を想像した時です。どこに就職するかを考えた時に、まず自分の将来を想像しました。最初のうちは自分の幸せを、自分がどうやったら楽で幸せになれるかと考えました。

その先その先と考えて、結婚し、子供が出来て、となって行くのを考えてみました。はじめは国家公務員を考え、国家公務員の二種試験を受けようと思っていました。そうすると東北各地の県庁所在地をを転々とするような生活を想像しました。そんなに移り住んで、それも都会ばかりを転勤して回って「いい子に育つかな」と考えました。その時に自分が育った環境はどうだったかと思い返してみて、「やっぱり帰ったほうがいい」と思うようになりました。

助け合いと我慢

Ｕターンして帰ってきて土地で仕事している人が、土地の人から喜ばれ、とても大事にされている感じがあります。昔であれば、若い者はこき使われたりしたのでしょうが、今は、そんなことはなく逆に年配の人達に気を使ってもらっています。確かにいろんな用事を頼まれることはありますが、申し訳なさそうに頼まれるので、かえってこっちが恐縮してしまいます。

そんな世代間の共同作業を実感できるのは、まさに鉄砲隊の活動です。我々はＩＴ関係が得意で、土地の人は昔からやっている、例えば、畑仕事だとか山仕事だとかそういうものが得意なので、将来はこの二つがお互いを補いながらいっしょになって何かいいこと、面白いことが出来ればいいといつも思っています。それが鉄砲隊の中でできるといいと思います。

地域づくりにもそういうものは役に立つかもしれません。例えば年配の方にグリーン・ツーリズムの受け皿になってもらって、我々はインターネットとかチラシを配るということで、若い者がＰＲする。そういうようなことが出来ればいいと思っています。今は、グリーン・ツーリズムに関わって私が具体的に何かやっているということはありません。鉄砲隊がグリーン・ツーリズムの一環になるということもまだないと思いますが、事務局をやっているので、そういうことにも入れてもらえたらいいと思っています。老後の小遣い稼ぎ程度にはなるのではないかと考えています。

これからのことでは、住田町にはあまり都会を追いかけてほしくないという気持ちがあります。本当は道路とかもあまり作ってほしくはありません。最近うちの辺りも携帯電話が通じるようになったんですが、あれも本当は個人的にはあんまり喜んでいません。職員の立場でこんなことを言うと五葉地区のみなさんに怒られそうな気がしますが、遠野市が日本のふるさとと呼ばれるように、五葉地区は日本の秘境と呼ばれるような、そういう環境がいいと思っていたので、あまり都会化するようなことだけはできる限り避けてもらいたいと思います。

五葉地区の土地と住人から教わった、生きていくうえで大事だと思うことは、助け合いです。例えば家の脇にある大きな木を私と父の二人で切っていたのですが、山の中の木だったら適当に切って、ポンと倒せばいいだけですが、家がすぐ脇にあって倒れると危ない状態でした。その時、声をかけたわけでもないのに通りがかった人がみんな止まって「そうじゃない、こうじゃない」と助けてくれて、結局十人くらいでやっていました。そういうのがいいと思います。

もう一つ教わったことは、我慢が必要であるということです。ここの冬は厳しくて吹雪になれば視界も悪く、どこか行きたいところがあっても我慢しなくてはいけないし、吹雪の中をどこかに行くようなことを望んでもいけない。今の世の中は自分のしたいことをどんどん押し出すような世の中だと思います。あれはやりたいけど、お金は出したくないと思っていても、それが実現してしまうようなところもあるのです。それがどんどん助長されていって、我慢することがあまりないのではないかと思います。それでも我慢することは大切だと思います。逆に言えば、楽したい、儲けたいという気持ちがなくなれば、便利なものが進歩しないという面もあるかもしれませんが、私はそれよりも我慢することを覚えることの方が大事だと思っています。

念仏剣舞はお祝いとはちょっと違います。供養するための踊りで、仏教のお経と同じではないかと思います。御霊を鎮めるという意味ではお祭りの類なのかもしれませんが、お祝いとは違います。鉄砲隊も「諸霊の御霊沈めー」という文句を使っているので、同じようなものだと言えます。お祭りで御みこしを出す時に、神々のお慰めに舞を踊るというのがよく行われますが、それと近いというか、神様に対して奉納する鉄砲の演武だとか踊りをする。それが鉄砲の場合であれば神様ですけど、剣舞の場合には仏様で、元をたどっていくと自然というか、神がいて全体を司っているというような、ある種の自然信仰みたいなものがあるのではないかと思います。自然から人間はある程度のものを受け取って生かされているわけで、それへの感謝だとか神様仏様の恩恵に対するお返しというような面があるわけです。鉄砲を撃つという行為がそういう意味を持っているので、単に鉄砲の音を皆さんに聞かせるということではなく、古武術というのですかね、それに基づいた型をやることによって神々に奉納するというものと位置づけてやっています。それは始まった当初からずっとそうで、今も変わっていません。

三・一一大震災後

三月十一日の大震災後でも、やはりこちらに住んでいて良かったと思っています。私の家では困って他所に助けを求めるというようなことはありませんでした。あの位の混乱状況であれば、都会も田舎も関係なく周りの人が協力し合ってやるのでしょうが、こちらでは違和感もなく当たり前のように周りの人々が助け合って生活していて、これがいいと思いました。

震災の頃は雪が降って寒かったのですが、電気炬燵とか石油ファンヒーターしかない家は暖をとることができなくなり、それで炭を譲ってほしいと言われて、分けたりしました。私の家はもともと炭炬燵なので自分の家で使う分の炭だけ父が山で焼いていました。二、三年くらい前に、森林組合から出してほしいと言われて、炭の出荷を始めました。それでも年間二、三万円くらいしか売っていなかったと思います。それが震災後どのくらい売れるようになったかは良くわかりませんが、震災の時にお金を集めて、父の炭二十キロ入り五十袋を、森林組合を通して、陸前高田市の避難所に救援物資として送りました。たぶんそれが今までで、一番売れた時ではないかと思います。

避難所に送る炭のお金は青年会議所のOBに協力をお願いしました。避難所で湯を沸かしたり、調理するのに炭を使っていますが、その炭は義捐金でどこかから買っているという話を聞いたので、それを支援しようと思ったのです。他にも炭を焼いている人はいますが、たまたま私が青年会議所に関係していたので父に頼みました。救援物資にしてしまったので、おそらく今年の冬に家の炬燵で使う分は、もう残っていませんが、こういう時ですから仕方がないことです。

これまで近所で炭を買いたいという人はあまりいませんでした。五葉小学校の跡地でやっている産直に一応出荷してはいましたが、人気は芳しくありませんでした。ほとんどは地元の公民館で作業をした後の焼肉をする時に、「じゃあ私の家の炭持っていけ」と言って、使ってもらったり、自分の家で使うとか、普段の近所のやりとりで配る程度でした。

青年会議所の活動

私はずっと役場務めです。鉄砲隊と剣舞もずっと続けていて、震災で特に変化はありません。変わったのは救援物資として炭を買ってくれた青年会議所に入ったことくらいです。青年会議所は主に企業の経営者のご子息がよく入る団体で、青年経済人の集まりで地域作り団体のようなものです。

私の前にも住田町から入っていた人がいましたが、四十歳になったら必ず辞めなくてはいけないので辞めてしまい、三年くらいは誰もいませんでした。それで私が町長から声をかけられて、入ることになりました。青年会議所は住田町と陸前高田市が一つのエリアになっていて、現役のメンバーは住田町では私一人しかいません。

青年会議所に入ったのは、はじめは役所の仕事の一つとしてでした。会費なども全て役場が出してくれましたが、税金でそういうことをすると責任も出てくるし、成果も求められるので、自分で入り、会費も自分で払うことにしました。実態は個人のボランティアとしてやっています。会費は年間八万円で安くはありません。それでも県内の年会費の相場は月一万円、年間十二万円というのが多いので、平均よりは安くなっています。

この会費でイベントなどを企画します。コンサートなど費用のかかるイベントでは入場料などを取ります。ずっと長くやっていたものの一つは、十一月にやるエイズ予防啓発イベントと、十月のハロウィンでした。ハロウィンは子ども達が仮装してゲームをしたりするものです。その二つが年中行事になっています。それ以外にやっているものとしては、ライフセービング教室があります。

　そこでは心臓マッサージの練習などをしています。ずっと昔に、青年会議所のイベントに一度だけ鉄砲隊が出演したことがあったようですが、今は鉄砲隊とは関係はないようです。


　そんな仕事をするようになり、おかげさまでゆっくりのんびり休めるということはなくなりました。雪が降るまでは週末はいろいろあり、かなり忙しいです。でも嫌だったらやっていませんし、結構楽しいです。役場の職員の中では地域への参加度合は高い方だと思います。結婚して子どもが出来たら徐々に参加を減らしてフェードアウトして行こうと思っていますが、独身の間はできることはできるだけやろうと思っています。結婚して子供もいるのに、藤井剛君はよくあそこまでできるなぁと感心しています。

　鉄砲隊は辞められないし、辞めたいとも思っていません。私より下の世代が入ってくるようになるまでは事務局もやっていこうと思っています。藤井君と佐々木善之君と私が事務局で、役割分担があります。私は出演の依頼がくるとマネージャーのようなことをしています。藤井君は火薬の使用許可の関係の仕事をし、佐々木君が会計です。早く下の世代を入れて事務局をバトンタッチしたいとは思ってますが、なかなか難しいのが現状です。

　平日はもちろんのこと、土日でも自由に動ける人はあまりいません。この辺では基本的に土曜日と祝日は出勤というのが普通です。完全週休二日なのは役場と農協、銀行くらいです。

　以前は地元の五葉地区にいる人に「鉄砲隊に入らないか」と当たっていましたが、今は興味を示した人には誰にでも「入れ入れ」と言っています。だから町内以外の人もいて、一番遠い所だと埼玉県の人もいます。ほとんど来られませんが、何かある時には声だけはかけています。住田町の人は和風なことが好きでよく参加します。

しかし事務局は地元の人間でないとだめです。新しく入ってもらうために意識して話をするようにしていますが、今まで見知らぬ人が「鉄砲隊に入りたい」と、やってきたことはありません。

年内にはいよいよ結婚することになっていますが、結婚して地域の活動にどの程度参加できるかは奥さん次第です。今からそういう話はしているのでたぶん大丈夫だと思います。

この間の日曜日にも結婚式のドレスを見に行きたいと言われたのですが、陸前高田市の復興イベントの方に行かなくてはいけないので、「それはお母さんと行ってくれ」と話しました。(仮名)

(2) 紺野輝幸さん

私はこの町の五葉中学校を卒業してすぐ、釜石市で何カ所かの自転車や自動車の修理工場に住み込みで六、七年働きました。その後、当時の富士製鐵に勤めました。初めは臨時でしたが、その後、会社が合併で新日鐵になり、その協力会社の社員となりました。

母はこの町の出身で、戦争中疎開でここに戻ってきました。それまでは、私が五歳の時まで、大船渡市の赤崎というところに住んでいましたが、そこが戦争中に空襲が激しくなり、それこそ鍋釜背負って母の生家に戻ってきたというわけです。

製鉄所労働者として

結婚もそれまでずっと暮らしていた釜石市でしました。その後も何年かはそこで暮らしていましたが、何せ私は長男なので、家の世話をするものだというような考えでやってきました。弟は名古屋だのいろいろなところを歩いていたのですが、私は、何があっても歩いてすぐ帰って来られるような範囲内にだけ居るようにしていました。

この辺には、農業をやりながら釜石市に就職し、鉄の仕事に携わった人が結構います。当時はそれしか金とりの仕事はありませんでした。遠くに行けないのであれば、働く場所や仕事を選ぶわけにはいきませんでした。だから釜石に行くのは当たり前のことだったのです。

私が就職した富士製鐵には高炉が二つあり、そのうちの一つは早い時期に閉鎖し、残った一つの高炉で二つの鉄を作り分けるということを、日本で初めてやりました。高炉から出る溶銑を炉外処理でいろんな添加物を入れて鋳物にする鉄と、製品にする鉄の二つに作りわけしたのです。その時、私は炉から出て来るものに添加物を入れて成分調節をするなど、途中部分の仕事をしていました。その後、工場に残っていたもう一つの高炉もなくなり、工場は製鉄工場でなくなり、圧延だけになりました。

釜石市にいる時には、私はこの町での農業は全くやっていませんでした。もともと私の家には耕地はなく、こちらに疎開してきた時、母の実家から自分の家で食べる分だけの野菜を作るために畑を二畝か三畝くらい借りたことがあっただけでした。

その後、母親の身体が弱くなったので、私はこっちに帰ってきました。それまでは、こちらに家がなかったので、帰って来られませんでした。母はこの町の学校の用務員をやっていて、昭和四十六年に定年になり、今の家を建てました。

私も母といっしょにそこに住むことになり、私はここから釜石へ通うことになりました。通勤は上有住駅まで車で行き、あとは電車でした。私がこちらに帰って来た当時は、まだ、工場には高炉があり、三交代制でしたから、夜勤の時などは車で峠を越えました。

私が中学を卒業した頃は、朝と晩に通勤用の大きいバスが二台も来たものです。そのくらい仕事に出ている人が多かったのです。バスで釜石に行って、列車に乗ります。それはもうぎゅうぎゅう詰めでした。大橋駅で客車を一輌連結しました。そのほとんどが製鉄所稼ぎで、製鉄に関連した仕事の人がほとんどだったと思います。

釜石市に通っている頃は、毎週二日ほどは、帰りにけっこう飲みました。家内に夜中に迎えに来てもらったり、タクシーで帰ったりしていました。タクシーで帰ると一万円くらいかかりますので、飲んでも一万円くらいは残しておかないといけません。ぎりぎりまで飲んで、深夜になる時間にしか戻って来られなくなり、二時、三時に帰ってきて、次の日はまた仕事です。寝る暇がないが、そんなものだと思って働いていました。

私の仕事は高炉が主でしたが、高炉がなくなっても、二、三カ月くらいは人員整理やら何やかんや仕事を続けていました。

それでも高炉がなくなったので、人員整理のようなことになり、辞めるか、転勤するかということになりました。その時、たまたま東北営業所に空きがあり、資格を取得すれば東北営業所でもよいということなので、仙台市に通って移動式クレーンの免許などを取りました。そして、平成元年（一九八九年）の八月一日から仙台市の東北営業所勤務になりました。仕事は倉庫にある資材の搬出入でした、それから定年まで、ずっと同じ職場で仕事は変わっていません。

仙台市の仕事はそれほど危険なものではなく、怖いとは思いませんでした。どこの仕事だって危険は伴うけれど、やはり釜石市での仕事は事故が起きなくてよかったと、今でもつくづく思います。鉄が真っ赤なお湯のようになって流れてきます。それを「湯」と言うのですが、それにやられていたらと思うと本当に怖いです。他にも水蒸気爆発とか、水をかけたら大変です。水は恐ろしいです。だから、本当に事故がなくてよかったと思います。仕事をしている頃はそんなに恐いとも思わずにいましたが、「安全が第一」と言いながらも実際は「生産が第一」という感じでした。いかに経費をかけないで利益を上げるか、その辺が一番大事にされているような感じでした。

釜石市時代に比べると、今は別に朝起きてあれをやらなくてはということもないし、どこに出かけてもあれくらいの怖い思いをすることもなくなっています。

定年後の生活

農地は仙台市に行く前にもらいました。母の実家に都合がいろいろとあって、代替わりになり、アパート経営してもよくないし、子供達もいい年になってきたから、お互いの頭がはっきりしているうちに、この辺で土地のことをはっきりしておきましょうということになりました。借りた、貸したでは後々よくないので「今まで貸していた部分を全部やるから、登記して自分で耕せ」と言われました。本家の方が理解のある人で、「くれ」と言ったわけではありませんが、「まあ、これぐらいだったら、自分の家で食べる分には十分だべ」ということで、くれました。三畝ちょっとくらいの畑を二カ所で、それを今、私がいじっています。

仙台市にいた時には、帰ってきてその土地の作業するのは大変なので、親戚にやってもいいという人がいたので、頼んで作ってもらいました。仙台からこちらに帰ってきたら、その貸していた人に「自分でやってみろ」と言われました。

私が帰ってきたのは、確かあんまり寒くなる前で、十月頃だったと思います。畑を返してもらって作ると言っても、その年の冬までは前の人がやることになり、次の年から本格的に農業をはじめました。私のところでは田んぼはやっていません。作るのは家庭でよく使うものでないとやはりだめで、春にはまずジャガイモを植える、あとは大根なり、白菜なりは、ふだん穫って食べる分は夏物です。あとは八月になってから秋の大根、白菜、キャベツ、これは冬越し用のもので蒔いていました。

農作業は毎日きっちりやるというほどではありませんが、この場所があるゆえに、この辺では、草もろくにとらずに車に乗って遊んでいると良く言われますが、それが怖くて、母がやっていたのを見よう見まねで農作業をやっています。

耕地を全部使えば売るものももっとできるでしょうが、実際に売るのはちょっとだけです。産直にいくらかは出してみたことはありますが、やはり産直に出すとなると商売ものだからサイズや形などがそろっていないといけないので無理です。

姉や弟が釜石市にいるので、そこに届ける分は確保します。他にも釜石市で働いていた時の友達、仙台市の時の友達でやはり二、三人、年に一回くらい行ったりきたりする友達がいるので、そこに送っています。「おめえのとこで作ったのはうめえな」なんて言われると、気分は良くなります。それで仙台市の時の友だちに、大根と白菜の収穫が済んだらそれらを詰めて持っていったりしています。

ですから、収入のほとんどは年金です。仕事は最初から定年まで、すべて厚生年金で繋がっています。在職年数は四十年以上なので、年数だけは誰かに半分分けてもいいくらいありますが、金額の方はそれほどでもありません。妻にも厚生年金があり、もらっていました。合計すれば多少はプラスになるのでしょうが、家内がもらうようになったら私の方が引かれました。加給年金か何かがなくなるのです。その結果、大して増えないということになってしまいました。

中学を卒業してから定年の六十歳まで四十年以上、釜石や仙台で働きました。その四十年間に農業をすることはほとんどありませんでした。釜石市にいた時は家にいたのが母だけで人手がなかったから、休みに手伝いに行ったということが多少はありましたが、こっちに帰ってきてからでも、やはり母が一人でやっているので、手伝いはしていました。その頃に見よう見まねで教わっていた農業が今になって役に立っています。

当時の百姓のやり方は今とは違います。今のように化学肥料はあんまり使いませんでした。金で買うのではなく、金のかからない肥料を大事にしていました。人糞にしろ、何にしろ、昔はそのまま畑に使っていましたが、今は生活環境も変わってきて、使えるものではなくなってきました。

今の状態で、食べていく分には何とかなります。お金は何ぼあってもキリがありません。贅沢しなければおそらく収入的にはそう苦労しないと思います。あとは家内のやり方一つです。畑もあって多少は自分のところで収穫もできるから、よそから見れば恵まれていると思われるかもしれません。

ただ百姓といっても、まあ藤井剛君など一番わかるだろうが、小さくてもお金が掛るんです。昔のように人手だけでは難しいし、機械もほしくなるわけです。耕耘機とか、畝立機まで、一応準備はしました。トラクターは畑が広くないので、畑の中で回りきれないので、要りませんが……。そんなこんなで結構お金はかかります。

他に収入を得る仕事としては、親戚に鉄筋屋をやっている人がいて、忙しい時に手伝ってくれと言われるので、そこにアルバイトに行きます。ただ、今は夏で暑いのでだめです。私は暑さに弱いのです。鉄鋼をやっていたのに、寒いのはいいけど暑さにはどうも弱いのです。この時期は、夏休みと称して百姓だけやっています。畑も毎日見に行っています。この間の台風の時もやられちゃって、ひどいことになりましたが、それでも畑は毎日やっています。

そのアルバイトが定職のようなものになっていますが、仕事が切れることもあります。そういう時には私の同級生が田んぼをやっているので「遊んでいるなら手伝え」と言われ、そこの手伝いもたまにはします。種まきや、田植えです。田植えと言っても今は全部機械だから、まず苗運び、あとは消毒。消毒するといってもポンプを軽トラに積んで行って、稲をかきながらホースを引っ張って行くのですが、ホースをもどすのにそれを引っ張る人がいないものだからその役をしたりします。

こちらに帰ってきて農業をする生活に変わっても、釜石市での生活との違和感というようなものは特にありません。ここにいたらまずそういうことはやるものだという感じで育ってきたからでしょう。ただ家内の方はその辺は違ったようです。

家内は釜石市の普通のサラリーマンの娘で、農業体験は全くありません。だから畑にはあまり行きません。行かなくては、という気持ちになっているのだかどうだかはわかりませんが……。まあそれでも、全く行かないわけではなくて、手伝いくらいはしています。

釜石市にはいろいろ旨いものもあるし、旨いすし屋、飲み屋もたくさんありました。今もあるにはあるけれど、昔のような飲み屋でなくて、今、多いのは、はやりのスナックというようなものです。昔のような屋台みたいな感じのところは少なくなりました。でも数軒は残っています。私が行くのは一年にせいぜい一回くらいですが、行ったら最後、ビッチリ飲みます。泊まって夜中の三時くらいまで飲むのです。元の会社の連中や会社の中でも同じ課の連中とかと飲みます。

仙台の友達は全て釣りの仲間です。仙台では岸壁の釣りもやるが、月に一回、船を頼んで海釣りもやっていました。しかしこっちに帰ってきてからは「そのうちそのうち」と言いながら一度も行っていません。

こっちでは目の前が川なので、もちろん釣りをしています。鮎をやったり、渓流釣りをしたりします。気仙川の組合にも入っていますが、この川は鮎の宝庫でけっこういい川です。岩魚もやっています。

ここにいるとどこに出るのも大変だし、飲みにいっても帰って来られないから、釣りが趣味になりました。

体はおかげさまでどこが悪いということもなく過ごしてきました。たまに薬をもらう程度です。四十肩がどうのこうのとかいうような病気はまだありません。腰痛で一月くらい入院したことはありますが、あとは胸焼けする程度です。次の日が休みならいいのですが、本当に毎日飲んでいましたから胸焼けもするでしょう。しかし、今でもその胸焼けの薬がやめられなくて、自宅で毎日飲んでいます。

今はまじめなものです。どこにも行かないし、晩酌はコップで焼酎を一杯か二杯で終わりです。度数は二十度でも二十五度でもどっちでもいいのです。「大五郎」とかでいいです。今どこに行っても「大五郎」の時代になってしまいました。私は昔、日本酒を飲んでいましたが、最近は本当に飲みません。焼酎が体にいいと言われればすぐ飛びついてしまいます。しかし、それにも限度があるのでしょうが、私にはない。と言っても最近はまじめです。一杯か二杯です。しかし誰かが来れば限度がなくなってしまいます。

娘から誘われるが

薬をもらう場合は、やはり遠野市か釜石市、大船渡市に行かなくてはなりません。住田町の病院にはあまり行きません。いくらかでも大きい病院の方がいいのかと思ったり、検査してもらうにしても、設備のあったほうがいいのかと思ったりするからです。だいたいは遠野市まで行っています。地元の病院に行っても遠野市に行ってもそんなに時間的に変わらないし、安心できる方がいいと思っています。

この辺の人はほとんど遠野市とか、それと同じような遠い病院に行きます。車が使えない人は上有住駅までバスで出て、そこから遠野市に電車で行ったり、タクシーに乗ったりしています。私はどうせ買い物に行かなくちゃならないから、ついでに病院にも行くという感じです。買物はほとんど遠野市で、週に一回くらいは行きます。

子供は女の子が一人だけです。地元に仕事がない限りは、よそに出ないとしょうがないと考えています。子供には手に職をつけなさいと言ってきました。もし自分が一人になって後々どんなことがあっても、生活していけるだけの職を持っていれば、「食べれるんでねぇか」と言いました。しかし、いざ学校を卒業し、じゃあ仕事となっても、これがなかなかありませんでした。外に出て行って、そのうち結婚し、相手の仕事の関係で横浜に行ってしまいました。孫が四歳になり、娘は手が空いたというので、また仕事をしています。こっちに帰ってほしいと思っても、こっちに仕事がないですから、それは無理でしょう。

若い人達の職場をここで作ることもいいですが、現在の状況ではまず人がいない、仕事もない。働く場所がないから人が育たない、ますます細くなってしまうというのが現状ではないでしょうか。

政治が良いのだか悪いのだかはっきりしませんが、ともかくずっと長く続けていかないといけないのではないでしょうか。その時になってからでは遅いと思います。今はやはり人材を作るのも大変だし、働く場所を作るのも大変です。この問題は長い年月をかけないと解決されないのではないかと思います。

娘からは「動けなくなる前に横浜の方に来い」と言われています。それで六畳の部屋を一つ空けてあると言われています。ありがたいけど、それは難しいでしょう。家の中にこれだけの必要な物があるのに、六畳一間に住んでみろと言われても、できるかと、言っています。今のところは自分で自由になるから、行くつもりは無いけど、子供は子供なりに考えてくれているのでしょう。動けなくなってから迎えに来いでは困るから、来るのだったら元気なうちに来いということだと思います。こちらにあるものは処分して来なさいと言っています。つまり、こっちを引き上げて、横浜に来いということなのです。

私が仙台市からこっちに戻ってきたというのは、親戚が全てこの辺だからなのです。この集落はほとんどうちの親戚で、紺野家ばかりです。藤井剛君のいる集落がほとんど藤井家という感じと同じです。仙台にいた時もむろん自分の家がこっちにあるから、家の管理に月一回は来て、窓を開けたりとかはしていた。その他にも冠婚葬祭には来なくてはいけない。そうするとどこに行っても最終的にここに来ることになる。年に何回かはどうしても来なくてはいけない。そういうこともあって仙台市に行った時、仙台市に移住した次男、三男の人達は、そのまま残った人がほとんどでした。だから私は、田舎から都会に行く人はいても、都会から田舎に来る人は珍しいと、言われてきました。

今はそれぞれみな車も持っていて、自由にあっちこっち行ける時代になりましたが、それでもやはり仙台に住んでしまった人の方が圧倒的に多いでしょう。ただ、どっちがいいのかと言ったら、私にはこっちの方がいいと思います。実家に帰れてよかったと思っています。

都会は二十四時間、食べたい、飲みたいが自由ですが、年を取ってくると雑踏にいるよりも、やはりこっちの方が安らぐというか、気持ちが楽ですね。うちの家内に言わせると夜になるとシーンとして物音一つしなくて寂しいということらしいですが、年寄りにはやっぱり田舎の方がいいんじゃないかと思います。

仙台で住んでいたマンションは、一階にほか弁などのお店屋さんがあって、二階から上が住居でした。私達は六階だったからちょうど場所も良くて、花火でも何でも家のベランダから良く見えました。ここに来たら何か一つ買うのだって暗くなれば無理です。コンビニまで行くとなればまた大変です。ここはそんなところです。

石巻の親戚が流された

それでも都会が良いということでまだ仙台に住んでいたら、今回の地震では本当に危なかったと思います。母方の親戚や家族が釜石に住んでいましたが、家族四人が家ごと流されて亡くなりました。遺体は三体までは見つけられましたが、あとの一体はまだです。

こちらでは自分のできる仕事がないということで、奥さんが石巻の出身だったので、そっちに行っていました。長男だからいずれは住田町に戻るはずだったのですが、向こうに家を建てていたので、どういう考えだったのかはわかりません。奥さんは一人娘さんでしたから両方の親を見なくてはいけませんでした。元々こっちの人だからこちらに田も畑もありました。家もあったのですが、かなり古いものでした。その家にはご両親とその長男の妹が住んでいます。娘が婿をもらえればよいのですが、それはなかなか難しいでしょう。

地震の後、遺体を探すために石巻を何回も歩きました。津波であれだけやられた後を見ると驚きます。一度南三陸町を回って帰ったことがありました。親戚が住んでいた所を確認しに行きましたが、流されていて跡形もありませんでした。車は見つかりませんでした。

今度の津波は本当に想定外の大きさでした。私は昔、釜石で津波に遭ったことがありました。その時が津波に遭った初めての経験でしたが、その後、十勝沖の津波もあったし、チリ沖地震の津波もありました。海の近くだったので経験はしていて、あんなものかなぁと思っていましたが、今回は、規模がこれまでのものとまるっきり違いました。

チリ沖地震の時の津波などはなんの前触れもなく、いきなり音なしで来ました。しかし、科学の進歩で予測できたのか、朝、外が何かうるさいと思ったら「津波が来る」と騒いでいました。住田町では津波などは縁がないから、「どんなもんだろう」と思って、川っぷちに見に行きましたら川が反対に流れて、船が川を上ってきました。それから車で逃げましたが、途中まで行ったら下水から上ってくる水の方が早いのに気づきました。道路がすでにびしょびしょになり、車がだめになってしまいました。しかし、まだたいしたことはないので、車を捨てて歩いて逃げました。車は流されませんでした。住んでいる家では一メートルくらいのところまでしか水は来ませんでした。とっさのことだから腐れサンダルを履いて逃げてしまい、帰ってきたら革靴などのいい靴が全部流されてなくなっていました。そういうわけで津波とはそんなものかという感覚しかありませんでした。今度の津波はその何十倍もあり、本当にすごいものでした。

三月十一日（二〇一一年）は、私の親戚の家でお通夜がある日でした。葬儀屋さんを頼んで準備をしていたら揺れて、電気が切れたので発電機を二台置いて電気をつけお通夜はなんとかやりました。翌日には葬儀もやったが、火葬場は地震でだめになっていました。

ここも相当揺れましたが、家が壊れるようなことはありませんでした。私の家はお通夜の家に近いので、誰か家に居たのではないか、家が崩れたのではないか、と心配で戻ってきました。しかし、何度も余震がくるから危なくて家に入れません。軽トラで戻ってきたけれど、どうにもならないで軽トラの中でニュースを聞いていたら、大津波警報が出ていました。

葬儀屋さんも自分のところが心配だからと、行ってしまったきり、帰って来ませんでした。電話がだめで連絡は一切出来ませんでした。結局、道路が寸断されて行けなかったようでした。大船渡市の辺りが混雑していて車を動かせなくなって、戻れなくなったのだそうです。

住田町の周りの道路が整備されて、以前よりは便利になりました。釜石市と遠野市が近くなったのはいいことですが、周辺に店がないということには、変わりはありません。ガソリンを入れるのも前は八日町まで行けば、何とかなったのが、今は遠くなってしまいました。しかしそれもあまり当てにはなりません。買い物は主に遠野市です。携帯電話が使えるようになったし、電話もテレビも前のように心配しなくてもよくなりました。だから山奥の割には、便利はよくなっています。他所の山奥には行ったことがないけれども、そう悪いほうではないと思います。

ここでの生活は車がなければ大変です。バスは午前と午後に各四便くらいしかありません。しかも電車と上手く時間が合えばいいのですが、なかなか合いません。釜石市が繁盛していた頃は、バスが着けば必ず釜石行きの電車に接続していました。また、釜石から来る電車が上有住駅まで来たら、下りのバスがちゃんと待っているという具合で、釜石との移動の連絡は密に取れていました。遠野からの電車も待合室で待っていれば行けるというダイヤ編成になっていました。釜石に勤めている人が上有住駅に二十〜三十人くらいいましたから、電車は、朝でも晩でもいつもいっぱいでした。遅番でも早番でもちょうどいい時間に着くようになっていました。今は製鉄所の勤務時間帯に合わせていないし、釜石に行くにも、遠野に行くにもバスと電車を乗り継ぎできるようなダイヤ編成になっていません。電車はただＪＲの都合だけで走っています。

自分の車が頼りでここに暮らしていても、自動車道が出来て町に着くまでは良くなりましたが、町の中の道路がまだ完全に整備されていないので、どこかが崩落、決壊となるとここは完全に孤立してしまう危険があり心配です。ぎりぎりの細い道なので、いつふさがれても不思議ではないし、川淵だから水が出て削られる心配もある。しかしやはり上の道路が開通したということはかなり安心です。元の道路に比べたらすごく良くなっています。

だから一長一短で、どこに行ってもそれなりだから、自分の家、ここが一番いいと思います。今は昔のようにそれほど雪も降らないから良いです。しかし、その分暑くなって大変になったように思いますが、子ども達からは、全く暑くないと言われています。

付　記

紺野輝幸さんは、二〇一六年三月にご逝去されました。謹んでご冥福をお祈り申し上げます。

紺野昭二さん、佐々木康行さん

（1）紺野昭二さん

住田町内の高等学校を卒業し、横浜の会社にちょっと勤めました。帰ってきたのは跡継ぎの兄が交通事故で亡くなり「おめえが跡継ぎだから帰って来い」と言われたからです。下の弟は仙台市の銀行に勤めていて、帰ってくるのは盆と正月くらい、盛岡市に家を建てているので、戻ってくる予定はないようです。弟にはまさか銀行を辞めて来いというわけにも行かないから、親族会議で私を跡継ぎに決めてしまったようです。

それからは県職員を三十四年間務めました。ずっと土木部の事務で県内をほぼすべて歩きました。だいたいは家の近くをぐるぐる回っていましたが、近隣だけでは済まず、飛ばされたこともあります。半分くらいはここから通っていました。時には家族を連れて移動することもありましたが、久慈市とか水沢市には単身で行きました。仕事は定年前の五十七歳で辞めました。ですから、年金はやっと今年（二〇〇七年）からもらい始めました。長女は陸前高田市の小学校で臨時講師をしています。長男も外で、みな手はかからなくなりました。

私は、ここから通っていた時はずっと農業を手伝っていました。ここに住んでいない時でも土日には帰ってきて農業をやっていました。田んぼも畑も小さいが、あります。分家、分家でコマ切れになってしまい、田畑合わせて一町歩くらいです。今は一通りいろんなものを作っています。

集落「消滅」の危機

二十年位前に地区の世帯の年齢構成をすべて調べたことがありました。その時に五年後、十年後、この地区がどうなっていくかと調べたら、いずれは年寄りだけになって、最後は空き家も相当増えると予測できました。細かい数字は忘れましたが、集落自体も存続できなくなるという見通しになりました。ほとんどが耕作放棄地になるという話でした。その後、だいたい予想通りに動いて、非常に悪い状態になってきました。帰ってきて農業を始めた頃は年寄りが多くなって、さて、どうしようか、というような時期でした。

元々、年齢構成を調べたのは、持ち回りで公民館の主事をやっている時でしたが、公民館の予算の六十％が敬老会の経費として使われており、しかも年ごとに増えている、このままでは公民館の他の事業ができなくなるということで、敬老会の経費を削るか会費の値上げをしないと収支のバランスが取れないということがわかりました。

ただ、敬老会に呼ぶ人数が将来どのように変化していくのか、調べないと、対策が立てられないという意見があり、役場から各集落毎に氏名、年齢の入った資料をとりよせ、平均寿命で亡くなることを前提にして、五年後、十年後、さらには二十年後の予測をしてみました。

二十年後には、今の予算規模では敬老会で予算を全部使ってしまうということがわかり、それまで六十歳以上としていたものを七十歳以上にする必要があると提案しましたが、一度に十歳も年齢を引き上げることに大反対され、中間の六十五歳とし、少し様子をみてから七十歳とすることとしました。

それが二十年くらい前の話なのですが、しばらく「放浪」して私が帰ってきたら、まだそのまま六十五歳でやっていました。それではだめなはずなので七十歳に変えました。最近は調べていませんが、五葉地区で七十歳以上人口はおそらく半分近くなっているのじゃないかと思います。六十歳代では若い方です。跡継ぎが出てしまって帰ってくる見込みのない家が相当あります。最後は、耕作放棄になります。田んぼも、畑も作らない状態になるのではないかと思います。さらに先のことを言うと三十年後には人口がかなり減って、集落自体がなくなってしまうと思います。この奥のそういう集落がなくなるだろうという話をしたこともありました。

高齢者ができる農業を

この地域で人を養うという点から見て、人口が増え何人くらい住めるかというと、林業は木材価格が下がってしまってもうだめです。今の価格が昔の三分の一くらいです。もう昔のように高くなるということはないでしょう。外材に押されて安くなってきましたし、木材自体をあまり使わなくなってきました。

官行造林とか県行造林とかの大きい山はきちんと管理をやっています。個人山の手入れはほとんどなくなってきました。お金をかけても回収できないからです。戦後に植えた杉の木がもう伐期になっています。木材の生産量がどんどん上がってくる時期に需要がないわけです。住田町は山の面積が大きいので、本当は山で何か考えなくてはだめなのでしょうが木材がそんな調子ですから厳しいです。最近は経費が上がる一方で、木材価格は下がる一方、人を頼んで伐ってもらったら赤字ということです。今人手不足だから機械を使って伐採しても経費倒れになってしまいます。山で人を養うというのはだめでしょう。

この地域は町有林が多く、これを借りて分収造林[1]をやっています。私の集落も三十年位前に一度に二十町歩位の植林をしました。集落の年長者達が木材需要の見通しや経費について話し合い将来有望ということで始めました。

植林した後も五、六年は毎年十日位刈払いをしなければなりません。その作業に出ることができない人は出不足として、一日五、〇〇〇円の支払い義務があり、私のように勤めに出ている者はかなり支払っていましたが、この金の回収もできなくなるでしょう。

営林署が町有林を借りて官行造林を行っている山も多くあるのですが、何年も前から大規模伐採を行っており、跡地は植林せずに町に返しています。官行造林を行っている場所は地形も良く、針葉樹を伐ったあとは植林もやり易いのですが、営林署もこれからの造林は採算が厳しいと見ているあらわれではないかと思います。

あとは鉱物ですが五葉山は花崗岩なので何かに出来ないかと相談したことがあります。あれはわりと若い石なのだそうです。古くなれば大理石のようになるらしいのですが、そこまでいっていないので価値があまりないそうです。昔は金山などもあったようで観光資源にはいいと思います。そういう昔の鉱山のようなものがあれば、かなり違うのでしょうが、山がだめとなると、やはりあとは農業しかないのかなと考えています。

そんな状況を考えて、私が目指す農業は七十歳程度の人、つまり歩ける人が、出来ればいいというものです。年を取ってくると管理に手がかかるものはだめです。五年間やって何か身につけようと思っていたのですが、だめでした。

今は山菜の試験栽培をやっているだけです。あまり年取ってからでは出来ないだろうと思って、仕事をしている頃からいろいろと実験をしていました。

仕事をしている時は果樹も多品種やっていました。今残っているのはモモとかスモモです。試験的なことは誰かいっしょにやる人がいて、ある程度目利きにならないとだめでしょう。しかし、わたしのやっていることに対してこの辺の人達は賛成していません。「田んぼにしないで山の木を植えている。アケビなど山に行けばいくらでもある。そんなものを植えてどうする」と馬鹿にしています。

作物は地元の農家人口が減っていくので、負担があまりかからず、ある程度収益があって農家を継続していけるものという観点で、本を読んで探しています。負担が少なくてある程度農家の経営が成り立つようなもの、収益があるものです。売れるようになるものは結構あると思います。本を見ると山菜だけで経営している人もあるようです。これと思う物が見つかったら、少量で試験栽培してみることが大事だと思います。大きい面積で始めては失敗することがあります。剪定も面倒ですし、農薬散布もかなりやらないとだめです。それに、ここは台風の風当たりが強くて収穫前に落されてしまいます。リンゴもナシもこの間の台風でかなり落されてしまいました。ブドウとかリンゴとかナシとか、やればある程度収益にはなると思うのですが、人手がかかって年寄りだけでは出来ません。

烏骨鶏の卵

現在（二〇〇七年）出荷しているのは烏骨鶏の卵だけです。烏骨鶏は町内で私のほかに飼っている人は三人でしたが、今は七、八人になっているかもしれません。最初は餌のほとんどが雑草でもいいという鶏がいるので、それがいいと考えました。烏骨鶏より大きな黄斑プリマスロックという鶏です。それを放し飼いにし、年寄りは卵をとればいいと思い、飼育してみました。三十数羽まで増やしたところで、イタチに一晩で全滅させられ、放し飼いはだめだということがわかりました。また、その鶏は体が大きいので餌の確保も大変でした。その頃にたまたま小学校の校長先生から鶏が好きな人を紹介してもらい、施設の中で飼うのでなくてはだめだというお話も聞き、烏骨鶏に切り替えました。

烏骨鶏を飼い始めた理由はもう一つあります。昔はどこの家にも馬や牛がいて堆肥は自分の家で作っていました。しかし、だれも家畜を飼わなくなって、堆肥を購入しなくてはならなくなりました。農協とか個人の畜産農家から買うのですが、その敷料は製材所から出る鋸屑（かんなくず）です。鋸屑はリグリンがほとんどで、植物の成長を阻害する物質なのです。そういうものじゃなく、家畜を飼って堆肥を取らないとだめだと私は考えました。堆肥を買うのはいいのですが、堆肥を作るところでは、ほとんどのところが湿気を取るために鋸屑を使っています。完全に腐ってしまえばいいのですが、腐るまでの間が良くないのです。農地のためには購入した堆肥ではだめという考えで、まず自分のうちで堆肥だけは生産できるようにしたかったのです。そうすると台所のごみも出さずに、自分の家で土に返していくことができます。家畜はヤギや豚などの案もあったのですが、大きい動物は餌の確保が難しいのと汚れを落とすのが大変なので鶏にしました。つまり鶏ならそんなに手がかからないし、食べるのにもいいと考えたのです。

七面鳥がいいと思った時期もありました。七面鳥はかなり気の強い性格で獰猛らしい、放し飼いにして野生動物に食われないかなと考えたのですが、手に入れるのが難しかったのです。そういうわけで最終的には烏骨鶏になりました。たまたま校長先生が烏骨鶏の話をしたので、宮城から卵を取り寄せてもらって、孵卵機で孵化させて、育てました。孵卵機は買いました。

烏骨鶏の卵は「生で食べるのが一番おいしい、一番贅沢」という人もいます。私は卵かけご飯が一番です。もともと五葉小学校に鳥小屋があったのでそこを借りて飼っていました。普通の鶏と違うのは肉まで黒っぽい、骨まで黒っぽいのです。肉は食べることもありますが、鶏小屋へ入って行くと寄ってくる鶏を食べるのはいやです。五歳、六歳という高齢の鶏がいるのですが、片付けられません。どの鳥が卵を産むのか分かりません。産まない鶏は片付けなくてはいけないのですが、ずっと見ているわけにも行きません。本には見分け方が書いてあって、「肉のつきが悪く、肛門がしぼんでしまっていて、トサカの色艶が悪い鳥はもう生まないから処分した方がいい」とありました。去年は書いてある条件にあった二羽を選んで、思い切って解体してみました。二回やりました、そうしたらおなかの中に小さい卵黄がたくさんありました。卵を産む鳥をやってしまったのです。大失敗でした。も難しくてわからない。古い鳥が多くなってきて余計産まないのだろうと思います。烏骨鶏は普通の鶏に比べてもともと産む方ではありません。十個くらい産むと、もう卵を抱いてしまいます。卵を孵（かえ）そうという気が強くて、産まずに巣に入ったきりになってしまいます。卵を取っても卵のない所で動かなくなります。そういう性質が強いから、あまり産まないのだと思います。

酢卵というのを聞いたことがありますか？　烏骨鶏の卵を酢の中に溶かして飲むやつです。あれが体にいいということを聞いたことがあります。それを盛岡市に買いに行ったのですが、ものすごく高くてこれを買って食べるなんてとてもできないと思いました。

果実栽培、テスト中

今、果実についてもいろいろ試験している最中です。若い人はほとんどいませんし、今後増える見込みもありません。年寄りばかりで農地管理するためには、手のかからない永年作物がいいだろうと考えました。地元で元々あったもので何かないだろうかと考えて、最初は管理しやすいからツルモノがいいと思いました。それで管理が楽そうな山ブドウ、アケビ(2)、サルナシ(3)、マツブサブドウ(4)など棚にするものがいいと思ったのですが、やってみたら棚の資材に金がかかってだめだとわかりました。それで今はツルモノはストップしています。

ツルモノは一度やめていたのですが、再開しました。この地域は果物が少なく、ブドウなどはほとんど他所から買ってきますから、ブドウ程度ならできるだろうということで、これもいくらかやってみました。栽培の簡単なナイアガラとキャンベルアーリーから始まって、遠野から持ってきたオリンピア、紫玉、あとは一般的なピオーネ、それから藤稔、あと最近の品種でシャインマスカットとかブラックビートとか天山、紅伊豆、伊豆錦、ゴルビー、ノースレッド、ノースブラッグなどをやっていました。どれか合うのがあるだろうということでいろいろやり、一度は収穫は出来ました。しかしハクビシンにやられてしまって、それ以降だめです。ハクビシンが入れないように一部囲っている所は収穫できます。

また、いいと思うブドウでも雨が降るとすぐに裂けてしまうのです。これが難しいのです。最近開発された大きいブドウはみんな裂けます。ピオーネと紫玉は裂けにくいです。オリンピアや天山などは雨が降るとすぐ裂けます。

山ブドウが一番よさそうだったので、別にいくらか作っています。これは山形村[5]では大部やっていましたし、岩手県内でも、もう方々でやっています。品種改良も進んでいて、この地の山ブドウでは生育が悪くて太刀打ちできないと思いました。山ブドウはちょっと植えてみて今はもうやめています。他の産地にはとても対抗できません。山ブドウにもオスとメスがあり、本にはメスを植えると花粉はかなり遠くから飛んでくると書いてあります。二キロくらい風上にオスの木があればそれで受粉はできるらしいですが、メスの木だけ植えると実は疎らについて、形がよくありません。

隣の集落と共同でやるということで森林組合から苗を取り寄せたのですが、隣集落の人達が自分の畑にみんな植えてしまって、私の所には苗が回ってきませんでした。ブドウ棚作りを手伝ったのですがね。

他所では山ブドウのいろいろな品種改良をしていて、山形村でやっていますが、品種改良したものは他の地域へは出さないということです。だから山ブドウはあまりいいものは作れないし、大量に作っても加工処理する所がないとだめです。生で食べては普通のブドウにはかないませんから、ジュースとかぶどう酒にするための醸造技術がないといけないと思います。しかしこれは設備も大変だし、かなりの面積で大量に作らないと採算が合わないそうです。委託できる醸造所もあるのですが、頼んでやったのでは採算が合いません。だから山ブドウはだめかなぁと初めから思っていました。やるのであれば改良されたブドウがいいと思います。

この辺のアケビは葉が五枚ですが三つ葉アケビというのがあり、これは実が大きくて皮も料理に使えます。この近辺にはないので山形県まで行って探して買ってきました。アケビは棚を作らなくてただ木を揃えればいいのです。そこら中に鹿をふせぐための網が張ってあるので、その網に這わせればいいと思いました。植えるだけでいいのです。

アケビも、この地域に合ったものでないと大量生産はできないから、確かめるために、まず二、三本植えてみます。しかし私の悪い癖で、かなりたくさん植えてしまったので自分の土地がなくなってしまいました。みんな植えてしまって土地に余裕がなくなり、よその地区の人の土地を借してやろうと言われています。

アケビは全部で二十種類以上試してみましたが、実際に実がなると、味の良い悪い、それから皮を使うので皮の見栄えの良い悪い、病気になりやすいなどいろいろ長短があります。それで悪いのを切って優良なものだけを増やしています。最初に二百本くらい植えましたが、その中から、病気にかかりにくく味のいいものだけを残そうと、今切り替えようとしています。

しかし管理が忙しくてだめです。持っている土地は全部で一町歩ちょっとですが、土地が細切れになって方々に分散しています。七カ所あるので、見ながら一回りするだけで二時間かかります。

今は何種類残っているか正確にはわかりませんが、百本くらい植えています。大体この種類はここに植えたという検討をつけて、秋のうちに印をつけて冬に切ります。別な木を切ってしまっては大変です。アケビで一番悪いのは、口が開く時に皮に実がついて割れてしまうもので、それがとても多かった。これはすぐにカビが発生するのでだめです。だからアケビの場所はけっこう空いている所がありますので。今新しい品種を増やしているので、それを間に入れようかと思っています。

地元に九州屋[6]という岩手県に進出してきた商社があるのですが、去年、そこにいろいろな木の実をまとめて持っていって見せたのです。九州屋が手を出したのはアケビだけで、あとはだめでした。東京方面に出したと言っていました。私はここら辺で売ろうと思っていたのです。この地区の人はアケビは口が開いたものでないと食べない習慣がありますが、東京だと料理に使うので口が開いたものではだめなのだそうです。普通は実を食べて皮は捨てますが、その三つ葉アケビは中の実も食べますが、皮も使うそうです。皮の方が高級料理なのだそうです。

山形県にシラタカアケビという有名な品種がありますが、これが東京ではかなり高く売れているという話を聞いたことがあって、山形県に行って手に入れようとしたら、出しませんでした。県外には出さないそうです。

サルナシもいけそうです。サルナシはこの辺ではコクワと呼び、棚が必要です。青森の道の駅でサルナシジュースが大評判なのです。「今日の販売量はこれだけだ」と持ってくると、すぐ売れてしまうのです。これはよさそうだと思いました。それに人手があまりかからなくて剪定もあまり難しくありません。サルナシはキウイの小さいようなもので、味はすっぱくなく甘いです。収穫時期は六月終わり頃です。直売所でも柔らかくなる前のサルナシを出しています。それを焼酎漬けにして飲むのですが、果実酒では一番じゃないかと思います。昨年、新品種のサルナシを一本だけ植えてみました。実もこの辺にある普通のサルナシの倍あるというものです。形は俵の形をしています。

果実酒の話をすれば、もう一つマッブサブドウというのがあるのですが、これも甘いです。独特の味がします。これは栽培が難しく、ブドウみたいな感じです。それに成長がものすごく遅い。しかし先のことを考えれば他に真似されなくて、そういうのがいいのかもしれません。

ツルモノ以外ではナツハゼ(7)があります。ナツハゼは消毒や農薬散布の必要がないし、剪定もほとんどいらない。一度植えておけばあとは収穫だけですから一番手がかからなくていい。ただ収穫量は少ないです。ブルーベリーだとかなり大きい実がなるのですが、あれは野生種ですから粒は小さいままです。ナツハゼは手がかからなくて、収穫だけなら年寄りにもできるだろうし、空いている農地に植えればいいので、一番いいと思っています。ナツハゼはアントシアニンがブルーベリーの数倍もあり、ジャムにすると売れると本に出ていました。とても良いように書いてありますが、だめでした。あれはかなり茂って、採るのも面倒なのですが、全然売れませんでした。ジャムにしたりして大量に作ったが、それでもあまり良くないです。少し癖があります。初めて見るという人がけっこういましたが、見れば、実が小さいから、こんなものよりブルーベリーの方がいいということになってしまいます。

果実は母が好きだったのでかなりやっていました。母は売っているお菓子よりは自然のものが好きでした。年を取って体が弱くなると、そういうものが食べたくなるらしいです。そういう理由から始めました。サクランボ、スモモから始まってリンゴまで春から秋まで常に何か採って食べられるようにしたのです。夏の間はモモとブルーベリーです。これももう二十年くらい前からで、今も増やしています。最近は粒も大きい新しいのが出ていまして、苗も増やしています。最初七種類植えて、今、全部で十二種類です。これだけ混植すると実つきがよくなり、なりすぎて実が小さくなります。木の状態を見ながら剪定、摘果しないと良いものがとれません。最近三種類の新品種を植えましたが、木が小さくて実がつきません。植えてからかなり経ちましたし、県道沿いにあるので苗をわけてほしいという人が相当ありましたが、うまくやっている人はないようです。宣伝文句は一粒で五〇〇円玉大というものですが本当だろうかと疑っています。早く実がなるといいと思います。

山菜商品化の試み

山菜で試験栽培したのは、最初は行者にんにく[8]、それからシドケ[9]、ウルイ[10]、ウド[11]です。

一番多く出しているのはシドケです。シドケは正式にはモミジガサといいます。これは自分の山に植えたのではなく他の人の山に黙って植えたのです。そこは鳥獣保護区の中の熊がよく出て、人が行かないような所で、一〇〇メートルくらいずつ標高を高くして一度に出ないようにして三カ所に種を蒔きました。種をとるのが面倒でした。そのうちの二カ所は上手くいきましたが、一カ所はちょっと失敗でした。笹がある所はだめです。唐松のかんばつが終わった、木漏れ日があるような所が一番いいです。本には西日が当たる所はだめだとありますが、そういう場所でやれば西日が当たってもかなり繁殖します。

収穫はその時期に行って採ればいいだけです。シドケはあまり伸びすぎると硬くなるので長くても二十センチくらいで採ります。山菜ですから茎を食べます。直売所で売っています。束にして並べて売っているだけです。

簡単です。

ただもう一カ所は大繁殖して、人に見つかってしまいました。俺の土地ではないので採るなとも言えないので、そこには毎年大勢の人が行って採っています。

栽培面積は相当あります。山を一平方メートルくらい削って、種を蒔いてまた覆土するのです。これを二、三メートルおきに何カ所も風上側に植えるのです。そうすると夏の終わりに種が出来て、それが風下に飛ばされるので、そこからどんどん繁殖していきます。増え始めるとすごい勢いです。一カ所上手くいった所は一町歩あるのではないかと思います。そうやって広がってしまったから見つかったのです。

ウルイというのはこの辺の言い方で、正式にはオオバギボウシといいます。この辺には大葉と小葉の二種類があります。山のウルイを持ってきて畑で育てています。種をとって蒔いて増やしたのですが、これは増え過ぎて困っています。今年から九州屋にいくらか売っています。金額は少ないですが、規格は難しいです。この辺と東京方面に出荷するそうですが、採る時の大きさの規格が東京に出荷するのとここら辺りに出荷するのでは違うのです。ここら辺用は、ある程度伸びていて葉が開いていなければ、いい価格でとってくれませんが、東京に出すのは葉が巻いたままの小さいやつを採るのです。出荷の形が我々の考えているのとは全く違います。

行者にんにくは北海道が大産地ですが、札幌農園とタキイ種苗から少しずつ苗を買って、増やしました。かなり前からやっています。直売所に苗をいくらかは出していましたが、今年は初めてまとめて売りました。「アレシスサス」という所が、香りがいいのでソーセージに混ぜるから欲しいと言って来た。三キロくらいしか売れませんでしたが、まとめて売ったのは初めてです。これは毎年種を蒔いて増やしていますが、苗を育てるのが難しいです。春先に霜柱で土が盛り上がる時にいっしょに持ち上げられて、根が切れて枯れてしまいます。発芽はいいが、後の管理が難しいのでビニールハウスでやればいいと聞きました。ただビニールハウスにもいろいろ植えているから、植える場所に苦労します。

クレソンも試験栽培でやっています。あれは帰化植物です。藤井剛君のお父さんから栽培してみないかという話がありました。最近のことです。試験栽培で繁殖し過ぎて困っていたのです。水路に植えたのが伸びすぎて田んぼに入ってきます。だから鎌で刈って捨てていました。貝割れ大根の大きいようなものでちょっと辛味があります。白い花がつきます。クレソンは、農林振興会ではなくて、町の何人かやりたいという人だけでやってみようかという話をしています。振興会に持ちかけても組織が大きいせいか動きが悪いのです。

ゼンマイもやっています。そのためにまず、七反の山の刈払いをしようと思っています。そこは手前にいくらか蕨がありますが、ほとんどはゼンマイばかりです。種を蒔いたのではなく、元々そこに苗のようなものがあったので、木を切って肥料をやって大きくしました。ゼンマイは最初からは難しいです。ゼンマイが大きくなったら、苗を育てて畑にしていこうかと思っていますが、遠いので迷っています。

山菜で一番上手くいっているのはシドケで、かなりの大面積で成功して、前から売っています。畑で成功しているのはウルイと行者にんにくで、やっと販売できるようになってきました。

木の実は、アケビ、サルナシ、マツブサブドウで、山ブドウもいくらかやっています。マツブサブドウは相当採れるようになってきました。何十キロと採れるようになっています。

しかし、販売は難しいです。住田町の産業祭りに持って行ってもマツブサブドウを買う人はいません。みんな見はするのですが買いません。山にあるブドウと思われて売れないのかもしれませんが、実は山では採れないのです。ツルは大抵がとても高い木に絡まり、さらにその一番高い所に実るので、木を倒さない限り採れませんから、山で一キロ採ろうと思ったら大変です。だからかなりいい香りがするのですが、みんな利用したことがない。ちょっと薬臭いような香りで、いかにも体に良さそうなのです。産直に来る人で目を付けた人が一人いて、売れないことがわかっているからもらいに来ます。

山百合は一人いっしょにやっている人がいて、彼が売っています。苗を二人で分けたのですが、私の方は草の中でさっぱりでした。彼はビニールハウスで育てているから成長が早いのです。しかし上手くはいっているが、売る先がなくてなかなか大変です。もちろん球根は茶碗蒸しなどに入れて食べることもできますが、花の球根として外国に売るのが一番いいと聞いて始めました。

山百合は今年で五、六年になりますが、とても年数がかかるものです。球根は一つなので、あとは実生で増やすのですが、種から育てたので、まだ球根が大きくなる途中です。自然の状態では種が地中に落ちても一年休んでしまうので翌年は発芽しません。温度処理をして成熟期間を一年短縮していますが、それでも六年はかかります。温度処理とは、秋にとった種子に三段階で温度変化を加えることで、そうすると次の年に発芽します。それを一年に一回、秋に種をとったらすぐにやって、あとは大きくしていくしかありません。

もう一人の人は成育をもっと早めようとビニールハウスに入れました。成長はすごく早くなったのですが、それでも大きい花は五つくらいしか咲いていません。売れるのは直径で決まるそうです。規格があって、ある程度大きくならないと売れないそうです。直径を大きくするために花を咲かさないで摘みとってしまうので、花がいくつあるのかわからないそうです。

直径が大きくても、高いもので七〇〇円くらいだと言っていました。山百合の種は数がものすごく多くて、花の後に筒状のものが出来て、その中に種が何千とあるのです。それを風で飛ばして、残った重い種だけを使うのですが、それでもすごい数で、本気でやればいくらでも増やせます。温度処理をすれば三月頃には根が相当伸びています。根が三センチくらいも伸びて絡まってしまい、そのまま蒔けば一カ所から固まって発芽するので良くないです。絡まった根を分けようとしても、切れてしまってできません。切れた根ではだめです。これはかなり繊細な仕事です。本にある温度処理のやり方の通りにやると根が伸びすぎるようです。単価が安く、年数がかかるわけですから、数をたくさんやらないと採算が合いません。

百合は毎年いろんな新しい種類が出来ていますが、元はすべて山百合なので、改良を防ぐために山百合の採取を禁止しているところもあります。岩手県にも群生地が何カ所かあり、それは大抵が畑でも何でもないきつい傾斜地で、そこでは採取禁止になっています。百合のカタログを見ると、新しい品種は別ですが、改良された一般的な百合よりは山百合の方が値段が高いです。普通には増やせないから貴重なのです。

野生肉の加工

北海道で鹿肉の缶詰を作って、いくらか売りました。北海道の缶詰工場に肉を冷凍して宅急便で送ると缶詰にしてよこすのです。山鯨という名前で売りました。しかし北海道の製造元から電話があって「販売してはいかん」と言われました。「販売目的ならば屠殺から加工まで定められた施設でやりなさい」という指導を保健所から受けたのだそうです。それで、「狩猟対象の鳥獣で、屠殺場で屠殺する場合はないと思うのですが」と言ったら「保健所に聞いてきます」と一度電話を切って、次の日またかかってきて「とにかく保健所の指導がそうですから、やめてください」となりました。自家用ならいいが、販売するのはよくないそうです。なぜ、だめなのかというと、屠殺して出る血液や内臓とかの処分は特許を受けた処理場でやらないとだめだということでした。やるのであれば死なない程度に撃って、半殺しで屠殺場に連れて行かなければいけないということです。

烏骨鶏の仲間の一人に雉を飼っている人がいるのですが、許可を得ている処理場で屠殺してみたそうです。雉も烏骨鶏も同じ料金ですが、一羽一、〇〇〇円近くかかり、飼っていた飼料代と屠殺代をあわせるとマイナスになってしまうそうです。

鹿、熊、ハクビシンの被害

鹿は猟期になるとみな、鳥獣保護区に逃げ込んでしまいます。その鳥獣保護区が火事になると出てくるのです。餌がなくて雪が深いと出てきます。しかしこの辺に鹿はだいぶいなくなりました。隣の遠野市に追われて行きました。今はむこうで繁殖していると思います。一昨年十二月末に大雪が降った時に岩手県内の花巻市とか大東町、一関市のハンターが保護区から出た鹿を追いかけました。鹿は気仙川を渡り、山を越えて遠野市へ逃げて行きました。この辺でも積雪は五十センチ位ありましたが、鹿が群れて通った後には道ができるので、人が追いかけるのは楽です。ここから二キロくらい上流の間だけでも二百頭はいたと思います。足跡はほとんどがメスでした。

メスというのはたいてい孕んでいますから、その年は四百頭になり今年はきっと六百頭くらいになっています。メスは足跡が小さいからわかる。オスは何頭かいればいい。すごい数でした。鹿の行列です。

翌年の春に鹿の有害駆除がありました。毎年春に行っており、保護区の近くで駆除を行うと、許可頭数は例年簡単に捕れるのですが、保護区の鹿が遠野市へ行ってしまったので、全く捕れませんでした。

猟友会の役員から、許可頭数は捕れとの指示がきたので、鹿道を辿って行けば途中で留まっている鹿ぐらいはいるだろうということになり、幅六十センチ位の鹿道の一つを行ってみましたが途中休むことなく遠野市へ続いており、遠野の集落が見えたところであきらめて帰ってきました。この道だけで五十頭位は通ったと思います。

これから繁殖時期になるのですが、オスはそれまでに食い貯めし皮下脂肪が厚くなっているので、今が一番体重があります。首も太くなり大きいものは一〇〇キロあります。脂肪がついていやな匂いもします。メスはあまり変わりません。今の時期が肉も一番おいしいです。冬場には脂肪が全然なくなります。大きいということは年寄りですから繊維が多く肉が固くなっています。ですからあまり大きすぎるのは良くないのです。

ここは野生動物にかなりやられてしまいますから、収穫時期の早いものでないとだめです。まず熊がいます。熊はモモとナシが好きで、あれば必ず来ます。熊の悪い所は実だけ食べるのではなく、体が重いので木も壊されてしまいます。家の近くにナシの木があるのですが、枝を全部折られてしまいました。

スイカは直径七センチ位の穴を開けられて中身をすっかり食べられてしまいます。たぶん手を突っ込んで中を食べているのだと思います。普通は口で直接食べますから、防御ネットの上にも網を張るのですが、防御ネットと上の網のつなぎ目が三十センチくらいあって、この隙間から入ったようです。これは猿だと聞きましたが、後になってこの食性はアライグマだと解りました。

あと最近困っているのは、外来種のハクビシンという動物で、ニンジンとか根菜類以外の農作物なら何でも食べます。あれは南の方で飼われていたのが段々北上してきたのです。この地区で初めて見たのは六年前です。この六年間でこの土地全体に広がってしまいました。インターネットで見たら、年に二回五、六匹産むのがいると書いてありました。たちまち増えるのは当たり前です。ハクビシンは夜に道路を歩いていますが足は早くはないので、追いかけたら人間の方が早いです。ただ爪とか歯がするどくて獰猛だと聞きました。また木登りが得意だそうです。この辺ではあまり果樹をやっていないので被害にあったという人はいませんでしたが、最初に目に付いたのはカキです。秋になると昔からある木にカキがいっぱいなるのですが、ハクビシンが食べ始めると一本の木が五日間くらいでなくなります。もう何でも食べます。トマトも、春にはイチゴも食べます。特に果物が好きなようです。

このままではハクビシンに農作物が荒らされて大変だということで、捕まえるには夜行性動物ですから罠を仕掛けるしかないとなって、八月にこの地域から私ともう一人がその罠の試験を受けに行ったのです。罠の管理は県になるので試験を受けて有害駆除の許可を取ってから仕掛けないといけません。また、この地域全体でやらないといけないので、今、私が罠を試作中なのですが、中々うまくいきません。インターネットを見ると、南の方ではミカンの被害が大きいらしいです。静岡市の例では、市役所でそういう罠を用意していて、要請があれば貸し出ししているそうです。ところが写真をみると何か特許があるらしくて、仕掛けが分からないように正面からしか写していません。みんなで集まったら何か考え付くだろうとやってみて、大体の構造は出来ました。中にはバナナとモモを入れておくのですが、モモは結構取られました。入り口が落ちた後、逃げないようにするストッパーが難しいです。いろいろやることが増え、余計なことで、困ったことになっています。

また最近は毎年、ハクビシンの食性調査をやっていますから大変です。岩手大学で何を食べているのか調べてもらっているのですが、この地区の調査のまとめ役を私がやっているのです。捕まえたら一匹ずつ写真を撮って、体重、身長を測って、解体して内臓をとって、胃袋は冷凍して大学に送り、最後に埋めるという作業をするので時間がかかるのです。食べているものがわかれば餌を与えないようにすればいい。かなり食べているのがサトイモの殻（茎）でした。秋に収穫して芋だけとって殻は捨てているのですが、それを食べていました。あれがなければハクビシンの食い物が減るはずで、栽培している所に話をして殻を片付けるように徹底していこうと思っています。

春先の餌がない時には、人が捨てた残飯などを食べています。つまりすべて人間由来の餌を食べていて、人間が飼っているようなものですから、餌を断ってしまえばいい。そうすれば繁殖率はかなり落ちるはずです。餌を与えなければ罠にもかかりやすい。今年は各集落でけっこうかかりました。毎年三十頭以上捕まえますから、私は暇がありません。

ハクビシンは冬眠しませんから冬でも捕れます。埼玉県から鳥獣害の講師が来て、ハクビシンは冬でも毎日行動しているという話をしていましたが、この辺のハクビシンは毎日は行動しません。ねぐらから一週間に一回出てくればいい方です。講師は、水は毎日飲みに来ると言ってましたが、雪の上に足跡がないことから毎日来ているわけではないことがわかりました。雪を舐めているのかもしれませんが、温かい所とこちらでは生態が違うのだろうと思います。それでも冬でもたまに罠にかかります。ハクビシンは寒くなると皮下脂肪を貯めるために肉食になるのです。だから鹿の内臓を罠の餌にするとたまにかかります。

真冬に捕ったハクビシンの毛皮を売ったことがありますが、「仕方ないから一、〇〇〇円の値段をつけるか」と言われました。今は合成皮のいいものがあるから毛皮全般が安い。それに毛皮そのものを首に巻いて使っていれば嫌われる時代になりました。昔は皮ジャンパーや毛皮のコートはとても高くて何万円もしましたが、今は店に行っても置いていません。毛皮の需要がなくなりました。ハクビシンは売れません。

冬の脂肪がついたハクビシンの肉は美味しいそうです。ハクビシンは元々食用動物で、東南アジアでは今も食用にしています。岩手大学の教授は食べてみたそうです。ハンター仲間で食べた人もけっこういます。食べた人はみな美味しかったと言っていますが、私はちょっと食べる気はしません。細長くて体と同じくらい長い尻尾があります。鼻先からしっぽの付け根まで平均で四十〜四十五センチくらいで、今までで一番重かったのが七・四キロでしたが、普通のものは三キロくらいですから、あまり食い出はありません。あれなら鹿を一頭捕まえた方がいいでしょう。

お勧めはブルーベリー

今まで試験栽培をしてきた結果、高齢者があまり資金も労力もかけないで栽培できて、ある程度収益が見込めるものというと、一番良いのはブルーベリーのようです。今は実も大きくて味も良いものがかなり出ています。

三年くらい前に大きな実のブルーベリーの苗を育てよう、地元に団地を作らないかと、農林振興会に働きかけたことがあります。今、本部でブルーベリーの団地はできているのですが、スパルタンというのがこの前まで一番大きな品種で、他でやっているのはせいぜいそこまでで、それ以降の五〇〇円玉大になるのはあまりやっていないから、それなら今からでも太刀打ちできるだろうと思いました。ビニールハウスが一つあれば、あとは挿し木で繁殖できますから、親株を何本か植えて、この地区にブルーベリーの団地を作ればいいと提案しました。家の畑でやって上手くいっていますから、そういう提案をしたことがあったのですが、農林振興会は乗り気じゃなかったようです。

農林振興会は五葉地区の上半分の組織で、五葉中農林振興会で、集落が六つ入っています。「ブルーベリー団地を作らないか」とわざわざ文章を作って振興会に行って説明しました。振興会長が代わって、次の会長にも説明したのですが、乗り気になってくれません。役員会にも諮ってもくれませんでした。ブルーベリーの木はあまり大きくならないし、剪定も難しくありません。無農薬でいいし、たまに硫安でも肥料を撒いておけばいいですから、資金も手間もあまりかかりません。手間が一番かかるのは収穫時期だけで、単価が比較的いいです。だからこれが一番いいだろうと動いてみたが、賛成者がいませんでした。農林振興会が動かなければだめですね。

売れるようなものをみんなで作らないとこの集落は寂れてしまいますから、年寄りができるようなものをしないといけません。私としてはブルーベリーはまだ捨てたくないです。一番いいと今でも思っています。国産で売っているのはキロ当たり一、〇〇〇円くらいもします。ブルーベリーはお客さんに採ってもらうのが一番簡単だし、お金にもなるそうですが、この辺で摘み取り農園をやってもお客さんが来ません。だからこそ年寄り向きの仕事だと思うのです。あまり働けなくなった人達でも採れます。収穫は暑い頃ですが、夏場は日の出が早いですから暑くなる前に朝早くやって、七時半になればやめればいいでしょう。ブルーベリーは土質が悪くてもけっこう育ちます。耕している畑はアルカリ性に傾いてしまっているのでブルーベリーの生育には悪いです。

この地域は米は取れるし、肉は山から取ってきたり、魚を釣ったり、基本は自給自足でいきたいと考えています。

私のやっていることを見て名乗りをあげてきたのは、栽培しているブドウが一人、山百合は先ほど言った一人、その二人だけです。二人とも年は私よりも上で七十歳を過ぎています。だからやってみても何年も出来ないと思います。後継者を育てるのが大きな課題になっていると思います。

注

（1）造林事業を行う場合、造林地の所有者、造林する者、造林に必要な費用を負担する三者、あるいは二者が分収造林契約を結び、造林事業による収益を分け合う森林。

（2）早春、蔓の節々に一斉に萌芽する若芽をキノメ、またはモエのほか、アクビ、アキビなどそれぞれの地方名で食用とする。この習慣は全国的である。それにひきかえ、秋の果実を収穫し、果皮だけを利用する料理法は、東北裏日本（日本海側）の山形県が発祥の地である。（『カラー版　山菜』家の光　一九九〇年より）。

（3）熟果には日本製マンゴーの別名がある。サルナシの老木とは、太く高く強靭に生長するものである。果実はビタミンCの含有量が高く、同属のキウイフルーツと比較して、糖度と芳香性の点でも、はるかにまさっている。一般にコクワの愛称で呼ばれ、栽培も容易にかかわらず、育種の歴史はまだ浅い。（前掲『カラー版　山菜』より）

（4）マツブサはマツブサ科の落葉つる性木本。別名ワタカズラ、ウシブドウなど。北海道から九州および済州島の山林に分布する。房状の果実がなり松脂のような匂いがあるためこの名がある。（略）果実は秋に熟し、黒紫色の核果で多数が房状に垂れ下がり、見かけはブドウに似ている。果実は薬用、食用にされる。（略）酸味があって食べることもでき、特に果実酒にされる。（出典：『ウィキペディア』https://ja.wikipedia.org）。

（5）岩手県北部・太平洋側に存在した村。二〇〇六年三月六日旧・久慈市と合併し久慈市山形町となる。

（6）（藤井剛さんの補足）九州屋というのは本社が東京都八王子市の堀之内にあり、誘致企業で住田町に来た。空いた建物を使って、そこで完全制御型水耕栽培野菜を作っています。サニーレタスとかを温度から光から全部管理して工場で作るようなものです。バイオ、菌を一切いれず水と光で無農薬で野菜を作っています。そのほか地元の野菜を仕入れて売っています。

（7）中国、朝鮮半島南部、日本に分布する。鹿児島県、神奈川県ではレッドリストの指定を受けている。果実は一〇～一一月に熟し、ブルーベリーに似た黒褐色になる。甘酸っぱいため、生食のほかジャムや果実酒に加工できる。

（8）修行をおこなった僧達が、スタミナ源として好んで食べたところから行者ニンニクの名称が生まれた。アイヌネギの別名もある。（前掲『カラー版　山菜』より）。

（9）個性派の山菜のトップがモミジガサであろう。つねに空中湿度の高い林床（樹の下）に育つところから、豊臣秀吉の青年時代、木下藤吉郎の姓をもじりキノシタ、あるいはトウキチなどのしゃれ名が誕生した。このほか東北地方では、シドケ、シドキ、スドケ、ウトナなどの別名があり、人工栽培もされるが市場性の盲点（原文のまま、意味は市場での取扱いにくさ）として収穫以後の取り扱い過程で傷んだ部分が黒く変色しやすい。（前掲『カラー版　山菜』より）。

（10）またぎや樵（きこり）の世界では煮炊き一つするのにも、さまざまな戒律があり、不測の事態にそなえ、山奥の小屋の生活は主食を除き、現地調達の自給生活。そこで、山菜やキノコは重要な食糧でむだなく上手に調理され、ウルイ一つにしても、金属製の刃物はいっさい禁じられ、両手をつかい左右にねじり切る手刃が用いられた。（前掲『カラー版　山菜』より）。

（11）栽培ウドに対し、一本筋のとおったヤマウドのさわやかで絶妙な味は強力な支持層とファンを擁し、山中で採りがけのヤマウドの皮をむき、生みそで食べるこの醍醐味は、山菜ファンならではの喜びである。とくにここで強調したいのは、こうして食べるヤマウドは消化機能をいちじるしく促進、食べるそばから空腹感を感じるほどである。（前掲『カラー版　山菜』より）。

（2）佐々木康行さん

学生時代を含めて関東には八年ほど暮らしていました。体育会だったのですが、大学に対する愛着はあまりありませんでした。部活は少林寺拳法部で、旧校舎によく泊まっていて、古い校舎と部活には愛着があります。大学は法学部で都心にありましたが、アパートは朝霞台でした。部活動はやっているうちに楽しくなって、体育会のバンカラな先輩達に洗脳され、結構いいものだと思って過ごしました。大学生活は部の活動が中心で、部活のためにバイトをし、部活をしに学校に行っているようなものでした。大学生の一般的な生活とは少し違っていたかもしれませんが、それはそれでよかったと思っています。私の周りの人達もそんな感じでした。

漫画家志望、部活は少林寺

あまり勉強しなかったので他人には「大学では、法学部だけど少林寺拳法という法しか勉強していない」と言っています。ゼミは、たまたま街づくり条例を勉強するのがあって、街づくり条例では鼬（いたち）を何かにする何とか法とかいうもので、そういう変わったこともできるのが面白いと思いました。

今考えてみれば、その頃から芽のようなものはあったのでしょう。それを今生かせればいいのですが、活かすほどには勉強しませんでした。こっちに戻ってから法律の勉強をやったのですが、使わないからすぐ忘れました。テレビで「行列のできる法律相談所」みたいなのがあると「そうか、そうなのか」と思うのですが、自分に興味があって自分の身の回りに起こることで使うものしか身につきません。食品添加物のことや農業のことを勉強し、インターネットでどうやったらもっと売り上げを伸ばすことができるのか、そういう方面にはよく頭が回るようになりました。

卒業の一九九七〜九八年頃は不景気で、卒業を一年延ばして就職する人もいるような時代でした。卒業後も東京に残りましたが、それは漫画家になる夢を追い続けていたからです。目指したのは中学生の頃からで、大学二年の時に大好きだったドラえもんの作者の藤子不二雄さんが亡くなられたことが大きく影響しました。それまでドラえもんしか知らなかったのですが、亡くなった後にその他の作品を読み、ドラえもんも読み直して「漫画ってやはりすごいのだ」と思って、自分でも描いてみたくなりました。

それまでは読んでいるだけでしたが、素晴らしい作品を残してくれ、私もそれで育ったのだから、次は自分で作って、他の人や子供達に見てもらいたいと思うようになりました。しかし、その時は自分が育っていなくて、結局描けませんでした。

藤子不二雄先生の『漫画道』という本を読んでいたので、みんな四コマ漫画から始めるものだと思っていて描いたら、小学館の賞を二回続けて受賞し、「これはいける」と勘違いしてしまいました。でも、描きたかったのは、長編のギャグ漫画で、それがなかなか上手く描けませんでした。構成もコマ割も上手くいかず、頭で考え過ぎてテーマが絞れず、すごく薄っぺらなものしかできませんでした。自分で自分の漫画がすごく嫌で、面白くないと思っている間に、お金もなくなり、年もとってくるし、いろいろ悩みました。バイトの生活が長くなり、ずっとこんなことをしていてもしようがないと思うようになりました。仕事はコンビニのアルバイトのほかに派遣社員もしていました。テレフォンオペレーターでプレステ2などの故障の修理を請け負っていました。お客さんからのクレームを聞くので、すごくストレスが溜まりました。一日八時間、混む時にはもうちょっとやりました。当時は漫画でやって行こうと思っていたから、そういうことは苦にならないだろうと思ったのですが、実際はかなり苦にはなりました。肉体的なものではなく、精神的なもので、それを吐かないといけないと思い、気分転換に漫画のビデオを借りてくると、ずっとそれを見てしまい漫画は描かないままになってしまいました。


もともと、都会で就職することは考えませんでした。どうしても東京は仮の宿のような感じでした。次男で跡継ぎではないのですが、なぜか東京はそんな感じで、近くのお祭りで神輿が出ても、参加しようという気にもなれませんでした。隣同士の付き合いも無く、そういうのは寂しいし、つまらないと思っていました。

戻らなかった人と、私との違いは、子供の頃の体験とかイメージではないかと思います。東京などの暮らしと田舎の暮らしではどっちが楽しいかと天秤にかけてみました。東京では遊びといっても大学生の時には映画館に行くか、本屋に行くか、あるいは部活連中と飲むくらいしかありません。遊び方を知らないということもあるのですが、それにしても全部お金がかかります。田舎では自然の中で昆虫を探したり洞窟に入ったり川で遊んだりといろいろできます。私もそのようにして遊びました。子供の頃ゲームのドラゴンクエストが流行っていて、それを真似して皆が役割を決めて、勇者になったり魔法使いになったりして、山を探検しました。実際には熊がいるから危険なのですが、そういうことがリアルにできるのです。やはり子供の頃にそういった経験があるから、もっとそういうことを知りたいと思いました。

地元への違和感

そうこうしているうちに曾祖母が亡くなり、父親が仕事を辞め、家に若者がいないから、せめて兄の彫刻の修行が終わるまででも、一度戻らなければならないと思いました。今考えてみれば消極的な理由ですね。しかし、結局兄も帰ってきたので私の居場所がなくなり、何か見つけなくてはいけないと思っていたら、地域づくりが見えてきました。元々地域づくりには興味があったので……。

パソコンをようやく触り始めた頃で、インターネットで住田町を検索してみました。役場のホームページを見て、こういうホームページがあったのだなと感心した一方、観光面はこれっぽっちなのかとちょっとがっかりしました。お盆休みに戻った際、五葉地区でも何回か地元学があって、地域マップ作りをしたと聞き、そのマップを見せてもらいました。見て、びっくりしました。素敵なものがたくさん載っていたのです。でも、その地域マップにはたくさんすごいものがあるのに何で活かせないのか、役場はなぜそういうものを活かそうとしないのかと悔しさを覚えました。私が戻ったらこれらのいいものを活かすことを考えなくてはいけないと思っていました。

二〇〇三年に八年ぶりにこちらに戻った時には、やはりなじみにくく、違和感がありました。地元の企業に就職して様子を見ながら自分を慣らすのに精一杯でした。二年ほど働いていましたが、地元のやり方と東京の考え方が違うせいなのか、その会社がだめだったのかはよくわかりませんが、余りうまくいきませんでした。

創業して日が浅く人事管理などが整備されていないのは仕方ないとしても、立派な材料を平気で捨てたり、見ていられないようなことをよくやるのです。他にも禁煙場所でたばこを吸うとか、ヘルメットをかぶらないでけがする人が多いとか。上司に報告しても上司も同じことをしているという具合です。不満を抱えつつ一年間は我慢しましたが、二年目これから良くしていこうと話し合ったのですが、けが人は増える一方で、話も全然聞いてくれなくなって、これはもう合わないのだと分かり、いろいろな不満がたまって腹立たしくなり辞めました。

仕事を辞めて、生計を立てるために週に二日くらい大船渡市のコンビニで深夜働いて、地域づくりに力を入れています。以前は週三、四日、多い時には五日アルバイトしました。今年（二〇〇七年）は農業とグリーン・ツーリズムなどの企画で去年と同じくらいのお金を稼ぐのが目標です。アルバイトでは年金とか定期的に払わなくてはいけない金額を稼いで、それ以外の部分は何とか企画で稼いで、ゆくゆくはそれだけで生計が立てられるようにしたいと思っています。

私一人だけならここでの生活に一年間二百万円もいらないくらいですが、二百万円も稼いでいません。今は自宅に住み、兄も仕事があり、一応私の独立会計になっていますが、別に家を持って生計を立てるとなるとやはり二百万円は必要です。今は独身ですが、結婚して子供を持つという将来を考えると、今のようにやって行くことに不安がないわけではありません。いずれは伴侶にも、大きくなったら子供にも稼いでもらいたい。食べ物に困ることはないと思うし、着るものなどもいろいろな方面からもらえるから、ライフラインさえしっかりしていれば、何とかやりくりできると思います。現金収入とは別に、ここにはすでに生活の土台があるということです。実家にいるかいないかは大きいが、今まで築いてきたネットワークと助け合いの精神がありますから、実家でなくてもやっていけそうです。

昔は多分そういう風に助け合ってやっていたと思うのです。百姓も昔は「結」ですか、みんなで助け合って田植えなどもしていましたが、今は機械でガーっとやって終わりです。出来れば「結」みたいなものを、復活させてやれるようになったらいいと思います。

目指すはジェネラリスト

世の中の風潮もそういう風になってきて、それなら今のうちから戻っておいてそういうことができるようになっていれば「俺ってすごいな」と思えるようになるのではないかと思いました。私はちょっと欲張りなので農業だけだと魅力が足りません。いろんな職業を掛け持ちして田舎のジェネラリストのようなものになれれば良いと思います。いろんなことをして私が楽しんでいれば、周りの人達も「ああいう風になろう」と思ってくれるかもしれません。だから自分がこの地域でその第一号になりたいと思っています。この分野で同世代ではナンバーワンになりたいと思っています。そしてそういう思いを持った人達がどんどん続いてくれればありがたいです。

『現代農業』という雑誌でグリーン・ツーリズムという言葉を知り、関連した本などを調べ始めました。二〇〇四年の七月に宮城県南三陸町の廃校にした小学校を利用したグリーン・ツーリズムの施設を訪れました。せっかく住田町内に廃校が二つあるのでそれを利用した活動が町内で出来ないかと思って見学したのです。そこでやったことは蕎麦うち体験と地域散策で、たいしたことはなかったのですが、それでも人はたくさん集まっているらしいのです。会場に充てられた「さんさん館」の校舎はこじんまりとしていて、中はすっかりホテルのように改築されて設備は整っていましたが、そこはもう小学校ではなくて、私は魅力を感じませんでした。でも、そういう所に泊まりたいというお客さん達はいるわけです。

世田米小学校は木造校舎で、私達がその木造校舎の最後の卒業生でした。木造校舎をもう一回見たいという気持ちがあり、五葉小学校という木造の小学校の中に入れてもらい、やっぱりこれだと思い、すぐにこれを活かせる方法がないかと考えていました。

フィールドは住田町の方が断然いいので、五葉小学校も何か活用できないかと話しました。しかし小学校を壊すかあるいは建て替えるかといろいろ揉めていて、ちょっと微妙な時だったので、一度は「おまえら何しに来た?」

みたいな風になりました。それはその後一応収まりましたが、学校を管理している地元の人達がまだ育っていなくて、廃校を利用した活動は進みませんでした。

それならば地道なことからやっていこうと思い、それで「GTテグムの会」（前出六〇ページ参照）をつくりました。GTテグムのGTとはグリーン・ツーリズムからとりました。予算を取る時に会と名前が必要になったので『気仙語大辞典』をぱらぱら調べていたら「テグム＝たくらみごとをする時に手と手を組む、つまり手組む」とあった。それで「これはいい、悪巧みをするのだ」と思って会の名前にしました。建前では「協力するために手と手を組む」と言っていますが、悪巧みの会ということです。GTも「ガッツリ食べよう」とか「とにかく頑張ろう」とかいう裏の意味を含めています。今では「GTテグムの会」は広まりました。今日も兄の所で挨拶したら「あ、テグムのね？」と言われて嬉しかったです。

また、ちょうどその頃に気仙地域にもグリーン・ツーリズムを導入したいという話があり、住田町と大船渡市と陸前高田市に助成金が少しずつもらえそうだということでした。この機会を活かさないかと連絡が来ました。

グリーン・ツーリズムではまず自分が何者であるかを言い、次に地域のことを説明しなくてはいけませんが、私はこっちのことを知りませんでした。東京での八年間で、私の価値観は変わりました。これまではお年寄りが話す方言が理解できず、もどかしかった。今では方言や山菜の名前などいろいろ教えてもらってわかるようになって来ました。そういった経験から、私が外から来た人達との橋渡し役となるのもいいと思ってます。仲間のIターンの人に「これはこう言っているのだよ」と通訳のようなこともしています。

グリーン・ツーリズムは、まずは試しに自分達でやってみようということになり、いきなり一般のお客さんを呼ぶのも怖いので、モニターを探しました。岩手大学の農学部の地域マネジメント学という研究室の人達が住田町を調査し、レポートをまとめていたので、その人達に声をかけてモニターツアーを企画しました。自然散策と郷土料理作りと農業体験の三つの体験をやってもらい、その時に初めて私もこの地域の人と繋がることができました。

その体験をして、初めて、「こんな感じかなあ、これがグリーン・ツーリズムなのかなあ」と思いました。その後、岩手大学の人達から「今回だけではもったいない、せっかくだからもう少しいろいろやりたい」と言われ、地域の人達からも「いったいあれは何だったのだろう？　あれだけではよくわからない、もう一度来るならもっといろいろやりたい」という声が上がりました。

本当は民泊をしたかったのですが無理だったので、五葉地区の奥に鉄砲隊の道場があるので、そこに泊ってもらおうと考えました。その時に学生と地域の人達で、そこら辺で釜を拾い五右衛門風呂を作りました。それがまた地域の人と繋がりを深めることとなりました。風呂作り自体は土木作業でグリーン・ツーリズムとは程遠いものでしたが、夜も酒を飲みながらわいわいやって、学生達も気に入ってくれて、その後も秋など何回か来てくれるようになりました。

何とか体験というものは、地元の人達の所にお邪魔して行うというのが基本です。農業のメニューもそうです。草履作りは地域のお爺ちゃんお婆ちゃんで上手な方がいるので、その人達に参加してもらおうと、まず話しに行ったら「とりあえずおまえが一回作ってみろ」と言われました。そのように自分自身が初めに交流して友達になって体験し、それから「別のみなさんにも教えてください」ということになる。私は企画の心配をしながらやっているから、羽目をはずしていっしょに宝探しなどの遊びは出来ません。皆を見守る感じですが、それでもいっしょに遊んでくれる人がいればお客さんも安心して遊べるようです。

ある女性との出会い

東京の銀座に県のアンテナ・ショップがあり、そこでグリーン・ツーリズムのチラシを配ったら、遊びに来ていた女性が興味を持ってくれました。その企画は実現しませんでしたが、その後、雪を見に行きたいとその人から連絡がありました。三月末の雪解け直前で、それから計画し、実現したのは、去年（二〇〇六年）の四月十二、十三日でした。

その人は六十四歳で、あまり日本にいなかったので日本の田舎に憧れがあったそうです。幼少期は京都辺りで育ち、その後留学などで外国を転々とされ、旦那さんが代議士でギシギシした所にいたので、解放されたかったのかもしれません。息子さんはミュージシャンで、いろいろすごいのです。「ああ、いい人見つけたな」と思いました。

新幹線の駅から、そのまま種山に行き、せっかくだから山で食料確保しようとバッケ（ふきのとう）を採って、家でバッケ味噌を作ってもらいました。後ろの畑で野菜を採って、家のかまどで味噌汁を作ってもらいました。薪割もしてもらいましたし、鹿肉をもらっていたので、それも食べました。これらはほぼ住田町の日常です。

一日目は私の家族といっしょに日常を体験、二日目はここら辺を良く知っているおじさんに遊び方を教えてもらい、みんなで寝袋を持って山に泊りました。みんなで荷物を担いで五葉山の上にある山小屋に行き、昼間はおじさんが食料の確保の仕方を教えてくれました。その辺の草をいっぱい採って、「これはだめ、これはこのまま食べられる」と選別してもらい、夜に食べました。おじさんが山の友達を六人くらい呼んでくれたのですが、みんなが持ってきてくれた饅頭やおにぎりなどを主食にし、とってきた野菜をてんぷらにしたりして食べました。電気もないから懐中電灯とランタンを頼りに火をおこしました。だるまストーブだけはありました。

翌日は朝四時に起きて下山し、いつもお世話になっているお爺ちゃんとお婆ちゃんの家で朝食をご馳走になりました。そこが古い家で掘り炬燵は練炭ではなく炭でやってます。その女性は、そういう昔ながらのものに感動してくれました。最後にご飯を食べていたらたまたま雪が降ってきて「ああよかった。これで目的は全部達成された」と安堵しました。その方は都会では他人の家に行っても、上がってお茶でも飲まないかと誘ってくれることはめったに無いので本当にここはいいと気に入ってくれました。その時に「ああ、こっちの方だな」と思いました。フィールドに感動したのはもちろんですが、体験よりもこの土地の人達と触れ合う体感の方がすごく良かったみたいです。特別なタイプの人でしたのでそれまでそういう経験というのはあまりなかったのかもしれません。すごく参考になりました。田舎で何か経験するというのはそれはそれで面白くても、どこかのテーマパークに行くというのと変わらない気がしますから、やはり土地の人との触れ合いがなければつまらないと思います。

この方とは今もたまに連絡を取っています。東京に行った時にはいろいろ案内してくれて非常におしゃれな所でご飯を食べさせてくれました。その後にも「あのお婆ちゃんどうなっているの」とか、「あの山でいっしょに遊んで過ごした奥さん元気?」とか、「あの人にこれあげて」と、ものを送ってくれたりしました。いっしょに遊んでくれたおじさんともお客さんはお友達になったようで、たまに連絡したりしているそうです。

料金はもちろん頂きました。二泊三日で一人二万円です。これでは破格のサービスで収支は結局とんとんでした。途中まではいい感じの計算だったのですが、途中から大盤振る舞いしてしまって失敗しました。でも喜んでくれたからいいのです。それにその後こっちのものをすごく愛してくれて野菜の産直みたいなものが始まり、それで去年は少し売り上げがあって、小遣いになりました。何人か紹介してもらったのですが、リピーターになってくれる人は一部で、お客はそんなには増えません。有機野菜だったら六十人くらい紹介したいと言われていますす。産直のようなものですが、こっちにまだキャパシティーが小さいので今は断りましたが、産直が何組かあるので、ネットワークを築きながらちょっとずつやって行こうと思っています。

あと、今年は夏休みに親子体験学習みたいなことをやり始めました。それが初めてのグリーン・ツーリズム体験で、そんな感じでよく人が集まってくれるようになっています。そういう流れが出来始めたので、順調に育ってきていると感じています。そうやって動けば動くほど、どんどん面白いことが見えてきています。町は林業日本一を目指していますが、私はまた別な街

づくりを目指して、地道にやろうと対抗心を燃やしています。

しかし「あなた達のやっていることは趣味で、好きでやっているのだからいいじゃない」とよく言われます。一生懸命やっているのに趣味と言われると、心が折れてしまうことがあります。またコミュニティビジネスとしてやろうとしても、単発では実質的な収入に結びつかないので、限界があると感じています。地元の人ならいいのですが、私は違う地域なので、やりに来るためには下準備が必要ですし、そのために休みをとっているので、収入に結びつかないどころか収入は減ります。しかし、せっかく育ててきた芽を生かそうと思えばそれも必要で、もっと若い人達が関わってくれば別の盛り上がりが出てくると思います。そういった盛り上がりを起こす一つの火種になることをと思っています。

こちらに戻って五年目ですが、新たに知り合いになった人は三十人くらいで、企画をやればやっただけ増えます。

ここは雪も降るし、夏はそれなりに涼しいし、山の幸も海の幸もあるから私はいい所だと思います。地元の人達がそれに気づかないのが不満でした。気づくためには外からの刺激が必要ではないかと思いました。また、外に向かって情報を発信しないといけないとも思ったのでホームページを作りました。そのホームページに自分の日常をさらけ出すようなブログを出しながら、いろいろな反応を見ています。

住田町に若者を呼びこもう

実は五葉地区は、戻ってきてから初めて足を踏み入れた場所でした。それまでは自分が住田町の住人だとは思っていませんでした。五葉温泉や五葉山も住田町と大船渡市と釜石市の境だから、五葉地区は大船渡市内なのかと思い、全然知らなかったのです。しかし地域マップで見て、とにかく行ってみないとわからないと、行ってみたら川がすごくきれいでした。

住田町には思い出深い場所が二つあります。

一つは五葉地区にある鹿沼で、こっちに戻ってから地域マップで初めて知り、三人くらいで探しに行きました。地域マップは正確でなく、たまたま目の前にあって、こんなものがうちの町にあるのかと驚いた。鹿沼は二、三メートルくらいの深さで透明度の高い小さな池です。湧き水がポコポコ出ていて中に岩魚がいます。そこからチョロチョロと小川が出ていました。土地の人やよく歩く人は知っているようですが、若い人や歩かない人は知りません。また地元では大蛇がいるから気持ち悪がってあまり人は行かないという場所なのですが、私にとってはすごく神秘的で綺麗な場所で、それ以来特別な場所になりました。こんなちっぽけな町にも自分が知らないことはたくさんある。知らないことがあるというのは恥ずかしい、もっと知らなくてはいけないと思いました。

もう一つは種山ケ原[1]という場所で、宮沢賢治の命日が九月二十一日だと知り、その日に見に行くと決めました。子供の頃にスターウォッチングはありましたが、毎回天気が悪くて種山の星空は見たことがありませんでした。私の住んでいる所も星空はすごく綺麗なので、宮沢賢治が惚れ込むような星空はどんなものかと思い「ちょっと試しに見に行ってやれ」と行きました。そうしたらすごかった、星座盤を持っていったのですが、星座がどれだかわからないくらいたくさん輝いていた。圧倒されて見ていたら目の前に大きな流れ星が流れて魂を持っていかれたような気がしました。

今までは、他から来ている大学生などの若い人達と私達のメンバーでグリーン・ツーリズムに取り組んできました。これからは私達が、どうやったら地域の若い人達を集められるのかと考えました。一応メンバーは十人ですが、名誉会員が多く、東京や三重県や北海道にいてばらばらです。藤井剛君などは五葉地区のことに関してはいろいろ手伝ってくれていますが、それ以外で直接いつもかかわっている人は少ないです。大体三十代で、他に大学三年生の人と役場に勤めている方が何名かいます。女子高校生もいます。ライフスタイルが違うので一堂に集まることが難しいので、いろいろ企画して、手伝える人にその都度来てもらっていますが、そういうやり方では広がりを作るのはなかなか難しいです。グリーン・ツーリズムという言葉自体も地元に根付いていないのが現状です。

もちろん若者だけに的を絞っている訳ではなく、結果として若い人が集まっています。中年の方や年配の人も当然良いのですが、グリーン・ツーリズムというカタカナ言葉がお年寄りにはまず受け入れられません。しかし、まだカタカナ以外に言葉が見つかりません。年配の人には「手伝っていただけねえべが……」というような感じでお願いすると、企画などの中心部分には入ってはくれないが、快く手伝ってはくれます。年配の方からは「入れてくれるのはうれしいが、企画することは出来ない」とよく言われます。でもあれがやりたいこれがやりたいということはいろいろ聞きます。

資金はこの三年間、県のグリーン・ツーリズムの補助金を活用しました。補助金の通りそうな事業に応募し、通ったらそれに関連することをやっています。出来れば県のお金を使って……、ここは伊達藩の領土ですが南部藩のお金を使って、おもしろくできないかと思っています。二〇〇七年から二〇〇八年は今までの活動で稼いだ分を使ったり、自腹を切ったりしました。毎回やりくりしてちょっとずつ増えてきたので、ちょっと活動できるくらいの金はあります。町の補助金はネットで野菜を売ることの方に使ったので、町からグリーン・ツーリズムとしての補助金をもらってはいません。

県の補助金は年間三十万～四十万円ほどで、収支は大体トントンでした。モデルツアーなどでは講師の謝礼に全部回すので残りませんが、赤字にはなりません。基本的に金はそんなに使いません。地域の人を呼んでいる事業もあります。草履作りの材料は、捨てられた布団カバーなどを裂いたものでお金はかからないです。費用を回収し、講師には時給計算にしてお支払いし、それでもいくらか残るので、それを元手にしました。県の補助金でやると、絶対に使わなくてはいけない項目があるので、そんなことをしない方が自由で有効に動けると思いました。

野菜のネット販売を除いた去年一年間の活動は、金額的には五万円くらい残ったので、全体では三十万円くらいでしょう。ボランティア精神旺盛な人がたくさんいたということや、そこら辺に食べ物はいっぱいあったことや、身の回りにあるものを使ったのでそんなにかからなかったのです。しかし、今後は他にも広げていくとすれば、もうちょっとお金がかかるでしょうから、考えなくてはいけないと思います。その時にちょうどいい補助金みたいなものがあればもちろんそれを使わせてもらうつもりです。

地域づくりを考える

役場の方針は林業を活かし、日本一を目指すというものです。それで木材関係の本などを読んだのですが、日本の林業はかなり危機的な状況ではないかと思いました。住田町は気仙大工が有名なので、木を大切にするのだろうと思っていました。役場の考えと地元の考えが違うのではなく、そもそも「森林業日本一」というキャッチフレーズにも、工場に勤めるまでは「一体何なのだ?」と批判的で、林業関係者以外はどうするかという違和感がありました。役場が力を入れているのは林業関係だけで、農業も中途半端で担当者が変われば投げ捨てられるという感じでした。住田町は昔から第一次産業がベースだったので、そこをしっかりしていかないといけないと思います。住田町だけでなく日本全土で、根幹である農業を何とかしなくてはいけないと思います。

私は地域づくりといったら、まず第一次産業を再生するべきだと考えます。しかし若い人達には農業は疲れるだけで金にならないというイメージがあります。実際に町内には専業で農業をしているのは家の兄と近所の二十二歳の青年の二人しかいません。新規就農者はそのくらいで、それ以外は兼業あるいはお年寄りが趣味でしたり、先祖代々の土地だから無駄には出来ないということでやってます。しかし気仙管内の食糧のほとんどを住田町がまかなっているというのです。そんな大変な状況なのに町はそれほど力を入れないので、それなら俺がやるという危機感を持っています。

農産物は同じ時期に同じものがいっぱい出来て値崩れが起きてしまうし、いいものを作ってもそれを差別化するための何かが出来ない。例えば有機野菜はすごくおいしいですが、値段を上げることが出来ない。なぜならここら辺の人の所得が低いということと、自分の家でも作っていたり、もらってきたりするからです。それなら外に向けて売らなくてはいけないと考えました。

田舎に住みたいと外から住田町に来る人が結構いますが、ここの人達は空き家がいっぱいあっても「仏様を置いてあるから」とか「緊急避難場所にしている」などと言って貸したがりません。商店街も閉店が相継ぎ、シャッター通りになっています。そこを格安で若い人に貸せばいいのに、「いやいや、ちゃんとした金を取らないといけねぇんだ」と貸賃で生計を立てようとする。そんな高い家賃でリスクを負ってやりたい若い人などいる訳がありません。八十六歳のお婆ちゃんは「店をもっとこうしたい」とか「店を若い人に貸して経営してもらいたい」と言うので、じゃあお婆ちゃんいっしょにやろうかと言うと「でも家の人がねえ……」と言う。

世田米の町なども昔はすごく儲かって賑やかでしたが、今はものすごくつまらない。空き店舗が増えてシャッター街です。みんなが新しいことにチャレンジして、新陳代謝していかないとだめだと思いますが、ここら辺の人達は昔の栄光にすがった殿様商売を続けています。それではいけません。具体的に言えば、店の中は電気がついていなくて暗い、店に入ったら何か買わないと絶対に帰さないという雰囲気がプンプンしています。またセールは全くせず、ただ座って客を値踏みしているような感じです。もちろん中にはちゃんと商売している所もありますが、八百屋さんでも何でも大体そんな感じになってます。

昔ここら辺は宿場町だったから、努力しなくても客が集まり儲かっていた。その頃の備蓄があるのかもしれません。だから街が廃れてもかまわないし「自分の代で終わりだ」とみんな考えている。そういう風になってきたのはここ二十年くらいのことで、バイパスが出来てからさらにそうなりました。バイパスが出来てこっちに人が流れなくなった時に、どうしようかという話し合いが一応あったようなのですが、結局何もせず、今やシャッター街となっている。

商店街でもたまに青空市みたいなものをやる。出ている商品はそれなりにいいのですが、お涙頂戴的な曲を流して哀愁を漂わせて「昔の栄光をもう一度」という感じでやるので、賑わわない。年配の人はそういう雰囲気が大好きです。ここら辺の人達はそれで食っていきたいのかと思えば若い人達は余計にいやでしょう。そういう雰囲気だけでもちょっとずつ変えられればと思っています。


熊本県小国町では空店舗を町内の若者達に格安で貸し、古い民家や町屋を再生しておしゃれな喫茶店とかバーとかをやっている。そのようにすれば若い人が外から来てくれるということがそこを見てわかりました。町民が意識を変えれば住田町でもできないことはないと思いました。本当はそこまでやりたいのですが、今は手が回らないのでまだ無理です。

そういうところに役場が入って助成金や何かを出してくれればいいのですが、役場はそういうことには力を入れない。実際、町にお金が無いという事情もあると思いますが、今、数字的に儲かっているように見えるのが林業で、どうしてもそこだけに力を入れ、「住民力」を育てることに重きを置いていない。「住民力」を育てないと、合併してもしなくても大変です。

グリーン・ツーリズム協議会

今は若い人も少ないし、外に興味がある人がいるのに住田町に入ってこられないというのはおかしい。その点でもグリーン・ツーリズムがいいのではないかと思いました。役場もグリーン・ツーリズムなど企画しているが、ツアーで正面のいい所だけ見せて「これが森林業日本一の町づくりですよ」というような感じでやっている。町の当初のもくろみはグリーン・ツーリズムの取り組みを通じて、町の人達が自分達の暮らしを見つめなおすきっかけを作りたいということでした。そして本当の豊かさや幸せとは何かを町民全体で考えて共有するということでした。しかし町長は合併しないと言いながら「当面自立の町づくり」と言っているのです。当面自立とはそのうちどっかに移動するような不安感がある。それでは住民はしらけてしまう。そうなる前に自分達で何とかしようという意識を芽生えさせるきっかけに、グリーン・ツーリズムがなれば良いと思っています。そしてその波を住田町からどんどん外へ広げたいと思っていましたが、それより早く周りから波が来ていて、逆になっています。こんな風に役場に不満を持っている人はたくさんいます。うまく意識がかみ合っていないところがあります。そこを何とかしなくてはいけないと思っています。

兄が町会議員になったら何とかしてもらおうと思っています。私は「野（や）」、兄は「公」の方でやろうと思っています。しかし私はグリーン・ツーリズムを一つの手段と考えています。地元の人達の意識を変えるには外からの刺激がないと無理だろうと思います。地元にある資源を生かせるのがグリーン・ツーリズムで、それが手っ取り早いのでやってみました。住田町の資源は自然の産物と人材です。だから行政でもそこをもっと重点的に活かした方がいいのではないかと思っていました。行政は今まではグリーン・ツーリズムに大して力を入れていませんん。私のやっていることと提携していないので、今年は出来れば住田町にグリーン・ツーリズム協議会というのを立ち上げたいと思っています。行政もグリーン・ツーリズムの企画をしていますが、企画する課がばらばらだったり、あるいはどこも全部モニターツアーをやっていたりします。また人事異動のために人が変わって中途半端に終わってしまうことも多々あります。やはりグリーン・ツーリズム協議会は必要だと思いました。

二〇一〇年に三省合同の子ども農山漁村交流プロジェクト(2)というのが始まりました。これは修学旅行がグリーン・ツーリズムの体験旅行になり、それが義務化されるというもので、総務省と農水省と文科省が連携してやるらしいです。修学旅行でグリーン・ツーリズムっぽいことをしているのが増えてきました。周辺でも盛んになってきて、隣の大船渡市でも今年から始まりました。遠野市ではずっと前からやっているのですが、あまりにもオファーが多く年間百件位断っているそうです。

遠野市ブランドはやはりすごいですが、遠野市の人から言わせると、窓口が出来れば遠野市よりも住田町の方がリピーターが増えるだろうということです。なぜなら遠野市は受け入れる側が慣れて、もうすれてきているから、ぬくもりを楽しみに来たのに体感できないというのです。それを言ったのは母方が五葉地区の人で、こっちに何度も来て住田町の人達がすごくいい人だからそう思ったようです。しかし私はどっちもどっちだと思います。遠野市だけでなく、久慈市の方もそうですが、修学旅行を受け入れているところはもう慣れてしまっているようです。企画する側はそれでは子供達の心を変えるきっかけがないだろうと考え、新しい所をいろいろ探しているそうです。しかしやっていけば慣れてしまうというのは当然ですから、そういうのは本当に難しいと思います。

先日、遠野市の人に「ツアー客を是非そっちに流したい」と言われましたが、住田町は態勢が整っていないのでまだ出来ません。しかし最近は「家でも受け入れてもいいよ」と言ってくれる人が、数える程度ですが増えてきました。一応、全戸に声はかけ、それで評判になれば他の人達もやってくれそうな気がします。グリーン・ツーリズム協議会や修学旅行の受け入れなども念頭に置いて、地元有志からはじめるという感じです。岩手県の取り決めでは、グリーン・ツーリズムの窓口は行政が実際に絡んだ協議会などでないといけないから、今私がやっているような小さい会の活動だけではどうにもなりません。そういう意味では今までとだいぶ変わってくる面もあるでしょう。今までは好き勝手やっていたのですが、これからはもうちょっとちゃんとしていこうと思っています。

田舎を楽しむため良いところを活かす

グリーン・ツーリズムには農家の収入などいろいろな要素があり、当然ながら自治体にとっては町おこしの意味もある。けれど私が目指しているのはあくまでも町の人達が自分達を見つめなおすきっかけにしたいということで、こんなことを言ったら笑われるけど、逆襲なのです。ここの若い人達は地元の大人しか知らない。事なかれ主義や殿様商売や諦め根性を見て育っているから自分に限界を作ってしまっています。テレビで見る世界や東京は全部バーチャルとして見、自分のことに置き換えていないから、あそこまでいけるとは思っていません。中学生と話をしても「どうせ俺は」とか「どうせ家は」と、「どうせ」とつけるのです。前に働いていた工場でも同じでした。私は「どうせ」と「当面」という言葉を嫌悪しています。そういう地域づくりをしてきた先代の人達に対して、私は逆襲というか、テロリズムというか、何かやってやりたいと思っています。そのためには私だけではなく、そういう思いを持った若い人達ともつながりを持って、ちょっとずつ変えていかなくてはいけないと思います。

そこで私は若い人が興味を持ちそうなことは、音楽やスポーツ、映像関係だろうと考え、ちょっとしたイベントを企画し、そこで若い人達に夢とか悩みを語ってもらい、その情景を撮影して映画にしようと思っています。若い人達が興味を持ちそうなことをして、持続可能な地域づくりをしていこうと思い始めたところです。

若い人というのは、ずっとこっちにいる人、外に出ないでいる人のことです。同級生六十人中二十人残っています。その中で一度出てから戻ってきている人は長男や跡継ぎです。跡継ぎは家を継ぐという意識を生まれながらに持っているので、一度は出たとしても必ず戻ってくる。彼らは地元の林業やその関連工場、それに山稼ぎやパチンコ屋さんなどで働いていいます。地元には他に産業が無いので、隣の大船渡市や陸前高田市や遠野市や釜石市に通っていいます。地元に産業が無くても周りに働ける場所があって、住む場所が住田町であればいいのではないでしょうか。しかしそこにまた一つの問題があります。長男は家を継げるが、次男坊や三男坊は住む所が無いから出たら出たきり戻ってこないことが多い。ここに住むためには婿入りするとかしかないがそれもむずかしいし、独身で住めるようなアパートなども無い。だから一度外に出たら戻ってくることが出来ず、もう出続けるしかない。そういう環境が悪循環を招いていると思います。

若い人が戻ってこない理由に、会社に組み込まれて動けなくなってしまったというのがあると思います。例えばミクシィ（mixi）に住田町のコミュニティがあり、いろいろな所に散らばっている住田町出身者が参加していますが、そういう人達は「住田町には戻りたいけれど仕事が無い」と書いていています。私に言わせれば仕事は選ばなければ、結構あるのです。こちらに帰るのならば考え方を変えるしかありません。収入は低くても、水や空気がいいから健康的な食生活を送ることができ、使う金が少ないから、お金が大して無くても生きてはいけるという考えに変えられると思います。若い人の考え方を、お金が無くても楽しめる方法を自分で見つけていけば、楽しくなるというようにちょっとずつ変えていかなくてはいけないと思っています。

もう一つの理由としては、地元にずっと住み続けている人達の都会に対する憧れとコンプレックスという問題もあり、その意識改革が必要です。それには若い人達と外との交流が大事だと思っています。

これまでやった中で手ごたえのあった活動が二つあります。

一つは二〇〇七年にやった「気仙の暮らしを体験しよう」です。今まで大学生などが多く、あまり一般的ではなかったので、近場の盛岡市の家族を対象にしましたが、それなりという程度で終わりました。盛岡市は三十分も行けば田舎なので似たことは体験できます。山の中に入って喜んではいると思いましたが、まあこんなものかなという程度でした。

もう一つは「若者の集い」です。本当は「住田町平成一揆」をやりたかったのですが物騒だと反対されたので修正し、「住田町平成一揆プロジェクト」として、その中の一つとして若者の集いをしました。地域の若者はグリーン・ツーリズムのようなことを求めているのか、また田舎に対してどう考えているのかということを知りたかったので、みんなで田舎を語ろうということにしました。全部で三十人くらい来ましたが、地域の人は数名だけで、都内のそういうことに関心のある人が来ていました。結果的に住田町の若者とよそ者の集いのような感じになりました。参加したのは岩手大生が五、六人と早稲田大学と筑波大学の人達です。

早稲田大学や筑波大学から来た人は国交省の「地域づくりインターンの会」の人で、今回誘ったら自費で来てくれました。三月に神戸大学の人に誘われて早稲田大学で開かれた「下河辺淳さんを囲む会」というのに出席し、その時に知り合いました。十年くらい前の同じような会合の時の雑談の様子を撮ったビデオが封印してあり、三月の会合で開封すると書いてあったので、これは面白そうだと行ってみました。十年前の会には行っていないし、下河辺さんに縁があった訳ではありませんが、地域づくりなどに興味がある人がいっぱい来ていたので、面白いのではないかと思いました。

岩大から来た人もほとんどが県外の人で、農家出身の人もいますが鍬を持ったこともトラクターを触ったことも無い人がほとんどでした。ほとんどはサラリーマン家庭で、あとはバラバラです。地域マネジメント学も農業とは関係なく、街づくりがメインになっているようです。平泉で世界遺産登録に向けて動いていますが、この間は骨寺荘園遺跡を守るということで、遺跡関係の先生方の手伝いに来たり、それ以外の街づくりの調査に行ったりしている。地元の若い人で来てくれたのは農業をしている人と、地元でバイトしている人、これから地元を離れる人などです。他に以前は山梨で瓦作りをしていて、住田町で農業をやりたいといって移住した三十〜四十代くらいの方も来ました。

集いでは「田舎のいやなところ」、「田舎の良いところ」、「良いところを活かしてどのように田舎を楽しむか」という三つのテーマを設けました。グループに分かれて、その間を走り回って聞き出したことをメモに書いて、そのメモをべたべた貼って分類する、ケージー法という、よくワークショップなどで使う方法でやりました。「住田町は悪い所か良い所か」という話では、他から来た人達はわからないので、田舎という漠然とした感じでやりました。悪い所がいっぱい出てくるかと思ったが意外に少なく、良い所の三分の二くらいしかなかったので「ああ、みんないい奴らだ」と思いました。

良い所としては、自然が多い、自分の力で何とかできることが多いということがあがりました。逆に言えば自分自身の力でしか変えることは出来ないということですが、だからこそ地に足をつけて生きていける、そういう実感ができる場所だということでしょう。良い所をみんなでどうやって活用していけばいいかという話をしたら、結局はグリーン・ツーリズムみたいな交流や、田舎をもっとみんなで掘り下げたりする、金をかけなくても遊べるところをもっと外にアピールした方がいいという案が出ました。

他に悪い所を活かしたもので、田舎はダサいというイメージがあり、雰囲気的には暗い、色が灰色である。だからもっとおしゃれにしようという話が出ました。トラクターをデコトラクターにするとか、シャネルと提携してシャネルトラクターを作ろうとかいろいろ出てきて面白いと思いました。面白く田舎で暮らせる方法をみんなで模索したという感じです。

今まで私が繋がっていた人は、多くが私より年配の方で、グリーン・ツーリズムのお客さんも家族や大学生が多かった。だから若い人達の考えがどんなものかわからなかった。私の考えはずれているのではないかと不安になっていましたが、この企画をやってみて今までの方向性はあっているのだと思いました。また「これだけエネルギーがある若者達が存在するのに、なぜ町を動かせないのか」という疑問が沸きました。今回の若者の集いをきっかけに大船渡市や遠野市や陸前高田市など近隣地域の若い人達と繋がりが出来たので、点を繋いで一つのネットワークで大きく動かせないかと考えています。全部の地域が同じ問題を抱えている。どういった方向で行くかということはみな模索中ですが、話を聞いているうちに登りたい山と目指す頂上は同じなのだとわかりました。それは「地域を活かした地域づくり」ということです。都会から人を呼んで交流しながら地域を盛り上げていこうという方向で、同じだと思いました。またそうすることで地域の人達の意識もちょっとずつ変えようという思いもあります。グリーン・ツーリズムという言葉は使っていませんでしたが、同じことだと思いました。

遠野市の若い人からもいろいろ話も聞きました。御当地ヒーローのメインになっている人によると、活発な活動をしている団体はたくさんありますが、みんなバラバラらしいのです。地域づくりもやっていることはやっていますが、若い人達は参加していないし、みんな冷めていていやだと言っていました。子供達も「遠野市にいつまでもいたくない」というようなことを言うので、彼が「どうしたらずっといてくれる?」と聞いたら「ヒーローがいればいい」と言われ、それでヒーローを作ったという話を聞きました。それを聞いて住田町にもご当地ヒーローを作ろうと思いました。グリーン・ツーリズムだけじゃなく、御当地ヒーローとかそういうちょっとしたものを作っていきたいと思います。

次々企画が湧いてくる

住田町にケーブルテレビが引かれたのですが、私はその番組作りにも関わっているので、そのうちそういったものもできると思っています。住田町は地区別計画を五地区に分けているので、地区ごとにキャラクターを作って漫画を作りたい。それを元に商品開発したいとか野望はいっぱいあります。ケーブルテレビは町内だけにしか流れませんが、それをネットで流そうと思っています。地方の人間は個性が強い。都市部はいろんな情報が溢れて、すごいものが集まっているためにかえって突出したものが出にくく、見えにくいです。地方ではちょっとした芽でもすごく目立ちます。しかもサブカルチャーものが好きな人はよりレアなものを求めますから、御当地ヒーローはいいと思っています。

今年は「馬鹿者の集い」というのをやろうと思っています。自称馬鹿を集めて、何馬鹿であるかを発表してもらって、みんなでその馬鹿を活かす方法を検討するという集いです。ここら辺は鹿が多く、隣の遠野市は馬の産地なので馬と鹿で「馬鹿」になる。それを合わせて特産品の馬鹿バーガーを作ろうかと話しました。まずはすぐに食べられる馬鹿丼というのを作ろうかと思っています。その馬鹿丼と馬鹿バーガーで何とかここら辺を「馬鹿日本一」の町づくりにしてという風な話が出ていたので、今回の馬鹿の集いで試食会をやりたいです。それでよければ商標登録してしまおうと考えています。

個々の人の反応としては、愛知県の一宮の隣から来た若い人がお祭りに参加して「すごく楽しい、こんなに盛り上がっているのを見たことがない」と大興奮してくれました。盛岡のさんさ踊りよりもこじんまりとしているが、地域の人達とワイワイガヤガヤできるので大変おもしろいと言っていました。参加した三人ともものりので、お祭りが終わった夜中に、地域の人達といきなり外で踊りだしたりして、すごいことになりました。この間の盆踊りにはその中の一人が盛岡市から原付バイクで来ようと予定していましたが、風邪で来られなくなりました。その人は十月初めに二十三人の学生をつれて来たいと言っています。そういう風に気に入って来てくれるようになりました。もし二十三人来ることになったら泊る所は多分五葉小学校の体育館で寝袋です。お風呂は五右衛門風呂は釜が二つしかないので五葉温泉の方まで行こうと思っています。顔見知りなので私か藤井剛君が行って「よろしく」と言えば受け入れられると思います。材料費を支払えば協力してくれます。

しかし、学生は卒業すると来なくなるので、それが地域の人には寂しいらしいです。だから最近は地元の若い人をもっと連れてきてほしいと言っています。しかし私はここら辺の若い人を知らないので、先日は世田米地区の同級生を連れて来ました。初めて足を踏み入れ感心していました。彼は一度は栃木県に出て、今の勤め先は大船渡市です。もともと興味はあったみたいですが、今までは誘っても乗り気ではありませんでした。今回強引に来てもらったら意外と気に入ってくれて「また何かあれば行くよ」と言っていました。来れば絶対に楽しいはずなのです。誘う時には「若い女の子が来るのだけども」とか言ってふっかけました。でも実際に来た女の子は五歳なので「面倒見てね」と。彼には五歳の女の子の面倒を見ていただきました。まあ岩手大学の女子がいるにはいたのですが。

この間仙台の東北学院大学の学生と話をしたのですが、ここの生活にすごく憧れているそうです。穴熊の被害にあった時にその穴熊を仕留め、自分でさばいて食べた話をしてあげました。適当に皮を剝いで内臓を取って肉にしたのを料理して食べただけですが、すごく憧れたようで「そういう生活がしたい」と言われ、そんなものなのかと思いました。

より過疎の部分や山間地、五葉地区などにとってのグリーン・ツーリズムは、心に弾みをつけるという意味でやっています。実際に街よりも過疎地域の方が弾みやすいと思います。すごくやる気になって動くから私もやりがいがあります。都会から来て体感交流があれば、住んでみたいと思う人が出てくるということも淡い期待としてはありますが、表立って「定住を目的として」と言えるくらい立派なことは出来ていません。まずはみんなで楽しくやってみよう、ここはこんなに面白いのだと紹介し、そのうち「もし良かったら定住してくれる人はいないかな」と勧めていこうと思っていたのです。

岩大の学生の中にはこういう土地の農業や自然に関心を持って将来自分の進む道を考えている人も何人かいたようです。大学が農学部でもトラクターに乗ったこともないし畑に出たこともない人に「農業をやりたい」と相談されましたが、私には「じゃあやったら。こっちだって厳しいからその辺覚悟して頑張れば」と言うしかありませんでした。

今までの農法と農協頼りのやり方ではここでは無理だと思います。要はどこまでを望むかということだと思うのです。ちょうどいい幸せというのは多分、人それぞれですが、ここでは特に大きなことをしなければまあまあ食っていけます。何を目指してここに移り住むのかということが問題だと思います。最初のうちは農業だけでは食えないから、他にバイトをする必要があります。知りあいの若者はカブトムシを養殖して売っています。そういうありとあらゆる手を使ってお金を稼ぐ方法を自分で考えなくてはいけないのではないかと思います。やれないことはないと思いますが、やはり厳しいとは思います。

私の家では農薬や化学肥料を使いません。農協に頼らないで自分達で販路を確保し、こだわってやっています。

お爺さんは農協に出していたのですが、親父は農業をやらず、兄が継いでからは今までの農業のやり方だったら必ずだめになると、土作りから全部変えてやりました。産直に売るとかグリーン・ツーリズムとかネットを使うとかの販路確立は私が行いました。兄貴は作る人、私は売る人という感じです。その方向で広げていけば、良くなっていくと思います。

まちづくりをネタに自分の体験を漫画にしようと思っています。グリーン・ツーリズムと地域づくりを絡めながら、今まで培ってきた中学生とのやり取りとか地域の人達との関わりとか、探検に行ったこととか、そういうことをネタにして漫画を描けば、形として残せると思いました。しかし地域づくりとバイトが忙しすぎて、まだ描けません。兄が町会議員に立候補したので、その手伝いもあって大変です。それが終わったらいよいよ一揆を企画し、その映画製作などもして、それで一つの流れができるだろうと思っています。撮影が終わった時点で一度区切りをつけて、漫画を描こうと思っています。

東京にいた頃にはあれもこれもやってみたいと思い、自分探しというか、自分をいろいろ試したいと思いながらも、結局全部中途半端になっていました。漫画も「描かなくてはいけない」と自分の中に期限を設けていました。「二十五、六歳くらいまでに必ずデビュー」と思っていたので、描かなくてはいけないという気になります。賞の締め切りまでに描こうとすると、そればかりが先行してしまいます。いい漫画や売れている漫画を見て、染まってしまったりもしていました。自分自身が固まっていない時期にはちゃんとしたものは描けないのに、一生懸命「それが俺だ」と思いながらやっていたのです。漫画はいろんなことを吸収してから外に出さなくてはいけないのですが、吸収するものが少なかったと思います。イマジネーションが乏しかったのか、なかなか出てこなくて何回か描いたくらいで挫折してしまいました。

しかしこっちに戻ってからは自分自身が体験したり、見て感じたことや聞いたことから「これを描いたら面白いだろうな」とか「こういうテーマのことを描く人はいないだろうな」と思えてきました。つまりこっちに帰ってからは、たくさんのことを吸収して、自分が見えてきたのです。そして「あれもこれも描きたい」となりました。また描いたものは出来れば地域づくりなどに活かしたいと思っています。昔は、漫画は自分を活かすための手段であったのに、今は地域づくりの手段として使えるという風に変わりました。そのように地域のために自分をどう活かすかという風に変わり、そうしたら逆に自分をもっと自由に使えるようになってきたという気がします。

東京にいた頃は理想像を追い求めすぎていて、一生懸命であってもそれはやはり霞のようなものでした。でもこっちに戻ってからは、等身大の自分が見えてきて、その等身大の自分が生き生きと動いてくれるから「これは使えるな」と思うようになりました。

住田町から教わったことは、足元を見つめなおすということです。今教わることは一見新しい刺激のようですが、それは昔子供の頃に言われたことだったような気もします。譬えが違うかもしれませんが、私は子供の頃にお爺さんからイチゴの摘み方やジャガイモの植え方を教えてもらってやっていたはずなのに、戻ってきてやったら出来ませんでした。イチゴが摘めないのです。しかし改めて教えてもらってやると「ああそういえば」という感じになります。自分にないと思っていたものが、元々はあったことに気づきました。

都会でぼやけてしまい自信をなくしていたものを、こっちできっかけを与えられて再び見つめなおすというか、自分自身のかけらをまた拾い集めてきているような感じだったのかもしれません。だから衝撃を受けるような言葉を地元の人からもらったという記憶はありませんが、要所要所で小さなことをもらい、そこでふと気づかされて自分を見つめなおすことはしょっちゅうあります。

最近、お年寄りとはだいぶ親しくなり、茶菓子なんか食べながら話しています。ここのお年寄りは外から人が来ると、すごく嬉しいのです。そしてなぜか、これでもかというくらいたくさんの食べ物を出してくれます。「もう食えない」となれば満足してくれます。二〇〇四年のモデルツアーをした時にお世話になった五右衛門風呂の近くのお爺さんは、私のことを守るように思ってくれているようです。いつ行っても「よく来たな、昼飯食ってけ」となります。鹿肉をもらったりしたので、何か返さなくてはと思っていろいろやっているうちに、そういう関係ができてしまいました。お世話になっているうちにグリーン・ツーリズムに関心を持ってくれるようになりました。以前は訝しげに見ていたのですが、今はいっしょになって遊べればいいという感じで違和感はないようです。そのお爺さんが、この前、木の根っこをひっくり返そうとして下敷きになり、背骨がつぶれてしまい、仕事ができなくなり、「ちょっと助けてくれ」と言われました。茸の植菌作業をしなくてはいけないのだが、人数が足りないというので人を集めました。岩手大学の学生の有志と、それ以外にも地域の若い人達も来てくれ、一日五百本くらい植菌作業をやりました。

私がもしここではなく、都会で生まれ育ったとしたらと想像することは難しいのですが、団地で育って田舎に憧れる大学の後輩がいました。私は逆に団地に惹かれました。団地は人もいっぱいいますし、周りに公園があったりして整っているから、子供の頃はあこがれました。東京でも住んでいた所などを回って、名所や謂れのある場所などは見て回りました。もしかしたら都会でも自分の足元が何なのかと探していたのかもしれません。もし私が生粋の都会人で田舎に初めてきた場合、夜は真っ暗で得体の知れない獣の鳴き声が聞こえるから恐怖を感じたと思います。私は冒険が大好きなので、そういうのは好きかもしれませんが、移住や定住は考えず、たまに遊びに来る遊園地みたいなイメージで捉えていたかもしれません。一種のグリーン・ツーリズムの体験のような感じです。

住田町では小さなフィールドで楽しめますが、そのフィールドを支えているのは地域社会で、その地域社会を支えているのは国です。だから国が頑丈でないといつまでたっても不安感は消えません。根本的なものを頑丈にしないといけません。日本は良くなっていかなくてはいけません。世界、地球がいい方向に向かわなくてはいけないと考えます。みんながそういう風に考えていけば良くなっていくのではないかと思います。国の基盤は農業などの第一次産業だと思いますし、自然も重要ですから、自然環境や農業を大事にするということも必要です。そういうものを活かせる国づくりがいいと思っています。

今は何かずれている感じがします。住田町もそうですが、地域に資源も人材もあるのに活かさない。外から人を連れてきたり、外から来た人も中途半端にいなくなったりする。農業に関しても補助金をガンガン出しているが無駄が多い。米が余っているからという理由で、いまだに「減反しろ」と言うが輸入はしている、これはおかしいと思います。外米はどんな農薬を使っているかわからないし、何で国産のものを使わないのかと思います。小麦の値段が今どんどん高騰していますが、パスタやパンは米でもできるから減反しないで米を使えばいい。そういう風に考える方向を変えたり、あるいは国が「もっとみんなにお米を食べましょう」と奨励できるのではないかと思います。

そのように、住田町にも国にもやり方にずれがあると感じるところがたくさんあります。国のことは政治とかいろいろ絡んでいるから、我々ではなかなかどうにも出来ませんが、民間の力でできることは何とかしていきたいと思います。もちろんそれで国が変われるのだったら変わってほしいと思います。兄が町会議員になったのも同じような気持ちからではないかと思います。

住田町観光協会職員として

前のインタビューの時（二〇〇七年）[3]は、若さゆえの驕りがだいぶ見えたような気がします。反逆しているなぁ、かぶいているなぁと思います。

ＧＴテグムの会は、今は解散しています。それはだいぶ状況が変わってきたことと、それぞれが別々の意識を持ち始めたということ、また同じような町づくりを試みる団体も増えてきたなどがその理由です。そういうことから一端区切りをつけてみました。

「テグムの会」ではグリーン・ツーリズムの企画みたいなことをしていたのですが、どうしても限界が見えてきました。「テグムの会」での活動よりは、それぞれが個々に活動をして、例えば住田町で昨年十一月に立ち上がった民泊協会の取り組みもそうですし、それ以外にも様々な企画をやれる人がいるので、そういった人達といっしょにやる時にまた声をかけ、その中で若い人達がスタッフとなって動く形の方がいいのではないかと思っています。あとは選挙とかがあって、あまり政治がらみの話が混ざってしまうとごちゃごちゃしてしまうという、その辺もあって「テグムの会」は解散しました。

今年の三月まで遠野市のＮＰＯの仕事をしていましたが、今は住田町の観光協会の職員として仕事をしています。住田町の観光を強化していきたいという声があり、観光協会の職員を募集しているという知らせを聞きました。ＮＰＯで三年間、地域づくりやグリーン・ツーリズムのコーディネートをした経験を町に活かしたいという思いがあって、採用試験を受けました。試験は三月五日か六日で、ちょうど採用結果がくる頃の十一日に大震災があって、観光どころではない状況が始まり、業務面でもちょうど三月で様々な事業の締めの時期で、ひどくグチャグチャな状態でした。

隣接する陸前高田市や大船渡市が壊滅的な状態でしたので、ＮＰＯとして支援するということになり、採用試験を受けたことも忘れたような状況で、そちらの仕事というか、ボランティアをしていました。三月の末くらいに、ふと、あの試験はどうなったかなぁと思い出し、受けたところに聞きに行ったら合格していました。

それで三月三十一日に観光協会の引継ぎをし、同じ日に遠野市のＮＰＯ団体、遠野市山里暮らしネットワークにも事情を説明しました。山里ネットには観光協会の試験を受けるということは話していましたし、合格した際にはそちらに行きますとは言ってあったので、山里ネットの引継ぎは混乱はありませんでした。

観光協会の方は、三月三十一日に三十分ほど引継ぎをして、あとは書類を渡されたくらいだったので、よく分からない状況のまま、四月一日に職員になりました。その直前まで被災者支援の取り組みだけをしていたので、いきなり観光協会といっても、すぐに進められる精神状態ではなく、周りの状況もそういう感じで、かなり違和感がありました。

しかし先々のことを考えてみると、陸前高田市や大船渡市という気仙管内の観光を引っ張っていた所がこのような状況で、気仙地域の観光が衰退してしまう可能性もありました。そういった中で日本全国、また世界中から様々なボランティアの方々がこの町を一つの中継基地にして被災地支援に当たっていましたので、そういった方々に今後もこの町に来てもらえる可能性がありました。だからそういう方々を幾分かでももてなすというか、受け入れられるような態勢を取れないか、その辺をベースにしたいと考えました。そして今後五年間くらいの観光は、そのように見ていきたいと考えています。

今までこの町に外から人が来るということは少なくて、町の人達も観光、あるいは交流することにあまり慣れていませんでした。だから観光の基盤を整備することと、都市と農村の交流に関する人々の価値観をみんなで見直していくような機会を設けて、外に開いた町づくりをしていきたいと思っています。

しかし観光協会の仕事のメインが町の夏祭りなので、八月くらいまではその準備と後始末でいっぱいでした。だから今お伝えしたような観光基盤整備はようやくこの九月くらいから取り組めるようになりました。

お祭りは七月三十日で、今までの夏祭りは町内向けのもので、町外から来る人はほとんどいなかったのですが、今年は外から来る人が多いだろうということで、そういうことを意識した取り組みをしました。まずインフォメーションを重視し、初めて夏祭り用のパンフレットを作ったり、町外の人達が参加できるような新しい企画をいくつか入れました。ボランティアの方々が夏祭りの実行委員に直接入ったわけではないのですが、町内に夏祭りを盛り上げたいという方々がいましたので、そういう方とも仕事をいっしょにしました。

結果としては、雨がすごく降ったにもかかわらず、参加者は例年の一・五〜二倍くらいになりました。例年の参加者は一、五〇〇人ですが、今年は二、〇〇〇人を超えるくらい来たそうです。また例年は出店が売り切れで店じまいするようなことはなかったのですが、今年は店じまいをするところがけっこうありましたので、売上にも繋がったのだと思います。

また夏祭りは世田米地区の商店街の中で開催しますので、事前準備をしているうちに、様々な人の絡みがあって、人の繋がりがどうなっているのかとか、それぞれ繋がっている人達のこだわっているポイントなどが見えてきました。そしてそのベースが、観光とか外からの人を受け入れたりすることに、どのようにマッチするのかというような、いろいろな課題も見えてきました。そういった点を今後どうやって活用していくかということを考える一つのきっかけになりました。


でも観光という点ではまだまだです。住田町にある主な観光資源は洞窟（滝観洞）と種山ケ原ということになりますが、そういうハード的なものは、今回の地震で一部が崩れてしまいました。洞窟は今のところ入れません。余震がまだ収まっていないので、大地震でどのくらいの被害があったのかも調べられていません。安全面を重視し、余震が収まるまで当面は人を入れないということになっています。その崩落した部分を直すのかどうかという方向性を決めないと、観光施設のインフォメーションも出来ない状況です。

洞窟は町のものになっていますが、それを運営しているのは第三セクターの住田町観光開発株式会社です。洞窟を直す場合には、町に許可を取って、町と観光会社の共同ですることになります。ただ大きい修繕となると、専門家に話を聞いてからということになるでしょう。あるいは、修繕せずに安全な処置を施して、壊れたままを見せるか、それは状況によります。

しかし観光客が洞窟を目指してやって来た場合、もちろん洞窟だけにはお金を払いますが、それが地域全体に還元されるわけでありません。外から来る人は、「住田町の洞窟」に来るわけではなく、岩手県、あるいは東北を周遊している途中にたまたま洞窟があったので入るというくらいのものだと思います。だから洞窟などのハード的施設を観光の呼び水とするのではなく、地域の人を観光資源にした、そういう観光の町づくりを目指さない限りは、町民の収入に繋がることはないのではないかと考えています。それはグリーン・ツーリズムの時にも思いました。人と触れ合えるような観光を目指し、そのためのハードの整備という位置づけで、まず人ありきで進めていきたいと考えています。ただ良い人材であっても、人との接し方に慣れていない人がいます。様々な研修やワークショップなどを通して、そういう観光に取り組むことも捨てたものではないなと思って、生きがいになればいいと考えています。それぞれ自分達の力で取り組めるような、観光の仕組みを作りたいと思っています。

震災後に住田町で仮設住宅を建てたので、全国から様々な支援がありました。特にモア・トゥリーズ(4)といって、坂本龍一(5)さんの団体が支援に入ったことで、全国のメディアが注目し、その関連の人がたくさん来ました。そのモア・トゥリーズさんからの紹介で、職人ツアーとかボランティアツアーとかの話もあります。職人にも人との関わりは必要でしょうし、ボランティアに関しても、住田町には津波の被害が大きかった地域の親戚が多いので情報交換をして人とのふれあいというか、繋がりが必要になってくると思います。

観光協会の事務局長は、産業振興課の商工観光係の主幹が兼任していて、事務局員は私一人です。基本的な業務は私がやります。ほとんどの理事や役員は、別の仕事を持っています。今後何らかの事業をする場合には、役員会や理事会の開催をする必要が出てくるでしょう。

今までの観光協会としての仕事は夏祭りの執行のみで、おもてなし研修などはやっていたようですが、それ以外に特にインフォメーションすることもありませんでした。観光協会に予算もなかったので、正直に言えば、観光に関する事業は出来ていない状況でした。しかし今回の観光協会の体制強化整備にあたって、予算を増やしてもらいました。町からの補助金が増えた関係で人件費を出せるようになったので、私を雇用してもらい、それ以外にも百万円くらいを観光協会の事業費として増やしてもらいました。夏祭りは別枠で、協賛金などをみなさんから集めてやっていたので、問題はありませんでした。

それ以外の様々な催し、研修会などを開催するにあたっては、予算ありきで物事を考えていますので、予算は充分確保してあります。それでももし足りなければ、今年も隣接する遠野市のＮＰＯに、町づくりの事業を住田町を含めた形で組んでもらっていますので、その連携の中で、人を活かせるような観光地作りの取り組みをつくっていくという事業を行います。ですから財政的基盤はあります。

私がやりたいと考えている観光が理にかなっていないという訳ではないようなので、その辺は観光協会の会長さんや理事のみなさん、そして総会の中でも問題なく承認されました。

夏祭りが終わったのでこれからの取り組みについてはみなさまにご意見をいただきながら進めていこうと思っています。

観光事業のこれから

やろうと思っていることはけっこうあるのですが、今は実際にどのように組み立てていけば効果的なものになるのかということを整理している段階です。まだみなさんの意識がバラバラなので、なぜそういったものが必要なのかということを少しずつ知らせ、意思の疎通をはかることが先決です。まずは少し種を蒔くような下準備が必要で、それをやってから、全体の話し合いの場を設けるということを何度か繰り返したいです。それは町民一般の人というよりは、観光協会の賛助会員というか、寄付金を出してくれている人に向けてのことです。

今まで観光協会は何もしていないのに、賛助会員はお金だけ取られるというところがあったので、観光協会を応援してくれている会員に声をかけていこうと思っています。また郷土芸能などもありますから、そういうみなさまにも声をかけようと思っていますし、民泊協会のみなさんとも集まって、これからの観光に向けたワークショップを何回かやっていきたいです。

今年度中にワークショップの中身を精査したモデルツアーを開催し、その結果を基に来年度に向けて、また取り組みを続けていこうと考えています。結果がすぐに見えてこないと、モチベーションが下がってしまいますから、今年度中にとにかく一回はモデルツアーを開催し、まずベースを固めて、それらの企画を通して、徐々に関わっていく人、使える資源をブラッシュアップして、それを元にした観光メニューを作っていきたいと考えています。

この町が森林に囲まれていることはもちろんのことで、森を活用した町づくりは悪いことではないと思っています。ただ林業に特化しすぎているとは今も思っています。一次産業を元気にするということであれば、林業だけでなく農業にも力を入れていかなくてはいけません。農林業を元気にするためには、それだけの枠にとらわれるのではなく、農業・商業・工業、六次産業すべてに力を入れていかなくてはいけないと思っています。

町は依然として林業に力を入れていますから、別に私がとやかく言う必要はないでしょう。私も観光協会の立場になったので、農業を何とかしなくちゃとか、林業を何とかしなくちゃいけないということは、言えなくなりました。しかし、林業・農業・商業のすべてに、ゆくゆくは観光の中で活かしていかなくてはいけない分野が絡んでくるのでそれぞれで頑張っているみなさんの、その頑張っているいい所をピックアップして連携する形で、町のそれぞれの産業を元気にしていけるような、サポートの役割として観光をうまく使えればいいのかと思っています。

過去に東京からきた様々な観光客のみなさんと触れ合えたことで、こちら側で思っている観光と都市部の人が抱いている観光の考え方に差があるということがわかりました。同じベクトルであっても、ちょっと色が違ったりするので、マッチングする所を見極めながらコーディネートしないと、最終的に違和感が残ったままになってしまう。そういう所を見る上では、今までの経験が役に立っていると思っています。

上手く言えるかどうかわかりませんが、私は個々の人がどこに価値観を置いているのかがポイントだと思っています。表面的には同じような色を出しながら、その中でお互いが楽しむという企画はできるとは思うのですが、最終的には外から来た人達は、その土地に住む人達の価値観を見るのではないかと思うのです。もちろん表面的なことも大切なのですが、根底にある価値観の部分を鍛えていかないと、最終的にはその地域は捨てられるし、地域の人間もその辺をわきまえてやらないと甘えが出てしまい、相手に失礼になってしまうと思います。

そういう意味で、町の人達には慣れていないということや、他にもまだ成長しなくてはいけない部分があります。お客さんが、こんな辺鄙なといったら何ですが、このような田舎に来るには、ただお城や滝を見物しに来るということではなく、何らかの理由があると思うのです。その人達が何を求めてくるのかということを、ちゃんとみんなで共有しておかないといけない。求めているものが、例えば癒しであったり、人と人との繋がりやぬくもりであったりした場合、では実際そのぬくもりとは何なのか、人のふれあいや心のよりどころは何なのかというような、根底にある価値観をもう一度みんなで考える必要があると思います。

もちろん、みんな統一ということではなく、それぞれが真心で感じるべきだと思います。真心でのふれあいとはどういうものなのかをちゃんと見ていかないと、ただのビジネスベースの観光になってしまう。それでは消費型で意味がない。そうではなく、来てくれた人も受け入れる側も、共に元気になれるような、共存共栄できるような、そういう観光を目指していければいいと思っています。

外から来た人に様々なアドバイスを頂くのは、中にいる人間には非常にありがたいことです。こんなことを言うと失礼かもしれませんが、遠くの神様ほどありがたいという言葉があります。ＮＰＯにいた時に、「岩手から来ました」と私が言うと「わざわざ岩手からありがとうございます」というような感じで話を聞いてもらえました。町の人達も東京から来た人などには「わざわざ東京から……」という形で話を聞いています。

しかし、それはあくまでも、その人達が都合の良いように情報を入手するだけで、その人達が持っている根本的な価値観を変えることまでは難しいと思います。それよりは、もちろん外地の人達にも入ってもらった方が面白いのですが、意識を芽生えさせるような取組みを、内地の人達で繰り返しやっていくことが必要だと思います。意識を少しずつ変えていくという地道なことは、時間がかかることですから、近い所にいないとできないことなので、その辺はこれからやっていきたいと思っています。

夏祭りに出演してもらった団体が、今はボランティアセンターになっている公民館で太鼓の練習をしていたのですが、そこが使えなくなり、家の近くの集会所を紹介しました。そういった繋がりの中で、「今、人がいないんだよね」という話を聞いて、「では、私がやりますか」ということになった。金曜日の夜に初めてちゃんとした練習をやって、翌日、つまり昨日ですが、いきなりデビューさせられました。よくわからないが、女装させられ、かつらをかぶせられ、スカートをはかされ、それで太鼓を叩かされた。そういうことを拒んでいると人との繋がりの輪に入ることは出来ないので、ある程度は、郷に入っては郷に従えというような気持ちでやっています。その中でこちら側からも「そうではなく、こうした方がいいのではないか」とか言えるようになるよう、やっていきたいと思っています。

郷土芸能は、いろいろ声をかけていただいていて、今は五葉山火縄銃鉄砲隊の方にも行っています。他に住田町の下有住地区の伝統芸能であるトダテ獅子踊りというところに声をかけてもらっています。どれも興味がない訳ではないので、とりあえず入って、そこから人の繋がりも出てくるでしょう。毎日やっているわけではなく、イベントがある前にちょっと練習するくらいのものですから、そんなに負担にはなっていません。根が嫌いではないので、上手く按配を見ながらやっています。

注

（1）北上高地の南部に位置を占める種山ケ原は、世田米と江刺市の一部を含む広大な高原である。明治維新以前の仙台藩時代には、藩主伊達氏の馬の放牧地になっていたという。（略）大正時代の終り頃から昭和の初め頃にかけて、詩人で童話作家であり、農業改良家でもあった宮澤賢治が度々訪れ、「原体剣舞連」や牧歌などを創作し、それが今に歌い継がれている。（前掲『住田の歴史と文化』）（注：江刺市は二〇〇六年、水沢市、胆沢郡胆沢町、前沢町、衣川村と合併して奥州市となった）

（2）農水省「子ども農山漁村プロジェクトについて」平成二十四年までに一四一地域、二、〇三八校、約十二万四千人の小学生がプロジェクトに参加。全国二万三千校の小学校で宿泊体験活動を展開することを目指す。

（3）二〇一一年に再びインタビューを試みた。

（4）坂本龍一の呼びかけによって設立された森林保全団体。二〇〇七年に坂本はじめ細野晴臣、高橋幸宏、中沢新一、桑原茂一の五人の発起人で設立。

（5）日本の音楽家、ミュージシャンのみならず俳優、タレント、ラジオパーソナリティとしても活躍。住田町の木造仮設住宅にも支援をする。

第Ⅱ部　〔座談会〕「調査」を振り返って

座談会にいたる経緯

われわれが最初に住田町土倉集落を訪れたのは、一九九七年の夏、ゼミ合宿の調査地としてであった。なぜ、住田町であったかというと、ゼミ生の中にそこの出身者がいたからである。藤井剛君がその人である。彼はぜひ私の村に調査に来てくれと言って、みんなに村の説明をした。じつはこんなに熱心に自分の村へ来ることを説く学生はめずらしい。農家出身の学生が減っているとはいえ、毎年、ゼミの中に数人は農家出身者はいる。多くの学生は、自分の村に来てくれと熱心に誘うことは少ない。私もゼミ生も彼の話に大いに興味を感じた。しかし、そこをゼミの調査地にするのにはためらいがあった。その原因は〝遠い〟ということであった。それまでの一番遠い調査地は、宮城県であった。遠いということはそこに何度も行けないということである。宿泊しないでは行けない。なぜ、それがだめかというと、事前の調査や追加の調査に行くのにお金も時間もかかるということで、時間やお金が大変なものになることが予測されたからである。

そんな問題があったにもかかわらず、私もゼミ生もみなそこを調査地とすることに決めてしまった。そうなったのは、かれが話す山間地の状況にみなが魅かれてしまったからであろうと、時には熊の出る山間の人々の生活を一度見てみたいという誘惑に負けてしまったのである。

そして、さっそく調査の準備を始め、事前調査も終え、調査票も作成して、いよいよ出発する日になった。

「空一面に青空が広がり、見渡す限り緑の山に囲まれた」[1]住田町上有住地区土倉集落であった。ところが、集落の周囲は黄色い網で囲われていた。これが話に聞いていた鹿よけのネットだった。「鹿が畑の作物を食べてしまうため、網を張って鹿の侵入を防ぐ」[2]ためのものだったのである。鹿を近づけさせない網というよりは、集落を鹿から守る囲いだったのである。

ゼミの調査報告書には次のようなことが書かれていた。1．苺の出荷・加工、2．シドケ等のめずらしい農産物の出荷、3．地元の野菜を活かした手づくりの漬け物、味噌、ソバ、4．炭焼き、5．山菜、6．熊、鹿、7．ヤマメ（釣り・養殖）これらを組み合わせた「農業体験」サービスを都会の人に提供していけるようにしていくことが集落活性化の一つの方法になるのではないかと課題を提起している。そして最後に「一度外に出た人達も、いつかは戻って来られるような環境にしたい」[3]と、将来への望みを述べている。

当初懸念していた「遠い」という問題は、調査を始め、集落の中に入っていくことで解消されていく。結果として、何度も行くことでかかる負担の多くは藤井君が肩代わりしてくれることになったように思える。彼が地元の情報をていねいにまとめて、何度も研究室に運んでくれたのである。

調査も終わり、報告書も書き終わり、ゼミ生はみな社会人になった。でも、その後もゼミ生と調査地との関係は続いてきた。いくつかの出来事がそれを促すことになる。そのうち一番大きな出来事は藤井君が住田町役場に就職したことである。それに関連して、彼は年に一度くらいは、東京・銀座にある岩手県のアンテナショップ「いわて銀河プラザ」に仕事で上京するようにもなり、それを機会にゼミのみんなで会うこともしばしばであった。彼の結婚式には東京からゼミ卒業生が住田町に行き、藤井君のお父さんも東京に寄るついでに、大学に来られることなどもあった。一時、出版の話も出て土倉に行ったり、最近では秋に稲刈り体験に東京から出かけることなどもあった。土倉集落とゼミとの関係は途切れることはなかったのである。

そんな中、住田町の何人かの人とのインタビューが報告文[4]となった。その報告がいくつかまとまったので、これらを参考に、調査当時のこと、そして調査から長く経て都会での生活が中心となっているゼミ卒業生が、土倉集落をどのように考えているか、話し合ってみようということになり、二〇一二年四月七〜八日に座談会が企画された。参加者は調査に参加した当時のゼミ生のうちの四人と私である。神奈川県葉山町にあった中央大学の健康保険組合寮で合宿をし、住田町の調査をした頃について話合った。その記録が第Ⅱ部の中心である。

座談会、その後の土倉集落

▼出席者▲

藤木保史：卒業後スーパーマーケット（青果）勤務。現在は、生鮮（主に青果）関連のシステム開発と、業務委託関連の会社に勤務。（東京都日野市出身）。

萩原正樹：卒業後医療団体勤務を経て、生命保険会社・内部管理業務。（埼玉県行田市出身）。

鴫志田知子：卒業後製造業に一一年間勤務後、退職し、専門学校で国家資格を得て、理学療法士として病院勤務。（東京都目黒区出身）。

小泉和章：卒業後コンピューター関連の会社に勤務。小泉さんは二〇一五年九月にご逝去されました。謹んでご冥福をお祈り申し上げます。（東京都町田市出身）。

大須眞治：指導教員。

（1）変わったもの変わらないもの

萩原正樹：これからみんなで話してみたいことは、調査した当時に自分が感じたことと、それから十五年たっ

座談会参加者。左から鴨志田、小泉、萩原、大須、藤木。

て社会経験を踏まえた上で自分の意見がどのくらい変わったかというところだと思います。藤井剛君のお子さんは大きくなっているけれど、土倉集落はそれほど活発化しているわけでもなさそうな気がします。ただ、戻ってくる人達もいて、それなりに集落が持続されているので環境とか家庭事情はそう変わらなくてもいいのかとも思います。藤井君を除く自分達は都会にいて、都会にずっと暮らしている。そういう立場から感じた意見を率直に言わせてもらうというのが一番いいのではないでしょうか。私の感じでは、土倉集落のインフラはすごく変わってきていると思います。携帯電話が繋がるようになりました。水道はしっかりしてきています。十五年前は汲み置きで沸かした水を使っていた。二年前に行った時には藤井君夫婦の住んでいる離れはちゃんと水が出ていました。お風呂に入った時にそこが変わったのだということを実感しました。

鴨志田知子：十五年前は山からの水だから、隣が使っているとあまり出なくなると言ってました。だからお風呂はけっこう気を使いながら水を使った気がします。

萩　原：携帯電話は藤井君が社会人になった頃は、五葉小学校の方まで行かないと繋がらないと言ってました。この前は藤井君の家の中でも繋がってました。二年前、アイフォンは繋がりませんでしたね。

鴨志田：インフラが変わって、それで集落の暮らしは変化しているのでしょうか。

大須眞治：藤井君の家はすごく変わったと実感します。農機具倉庫には水道がひかれ、炊事場ができ、自炊できるようになり、トイレも設置されています。今は、そこを震災のボランティアの人に貸しているとのことでした。何人かは泊められるようになっています。道路は土倉集落の部分は変わっていないように見えますが、遠野市・釜石市間の高速道路と繋がるようになっています。ですから交通量は増えているはずですが、見違えるほどではないように思います。それから五葉小学校が廃校になり、建物は新しい公民館に変わってしまいました。これは大きな変化だと思います。体育館は残っていて、震災ボランティアの宿舎になっていました。いろいろ大きな変化はありますね。

鴨志田：藤井君の家以外は変わらないのかな。

す。

大　須：他の家の中までは見えないのでわからないけど、外から見る限りでは大きな変化はないように見えます。

小泉和章：たしかに人は戻ってきていますが、よく見ると、他所から来た人はいないんじゃないでしょうか。依然として集落の関係者がいるだけなんじゃないでしょうか。今までいる年配の人と戻ってきた人がいるということになるのではないでしょうか。

鴨志田：今、調査したときの状況を見ると、集落の人はその時そんなに高齢でもなかったんですね。八十歳代の人は子供が帰って来て、今はいっしょに住んでいます。集落としてはそれなりに人が補充されている面があるんですね。

藤木保史：都会から戻ってくるという循環が切れた途端、あそこは廃れてしまうのではないでしょうか。今は都会などに出てもまだ家族や知人が居るから帰ろうとなるけれど、帰ろうとしても人が少なくなって、帰れなくなるというようなことになってしまうかもしれません。今、年齢構成がどうなっているかわからないけれど、出て行った若い人が戻ってきて、その人が年取った時にまた都会から若い人が戻ってきて、そして孫世代が出て行くというようにうまく循環されていれば、同じようなことが続くことになりますが……。ここ十年はそのような感じだったんですね。藤井君も役場に勤めている人もずっとそのまま生活していくことになるだろうから、そうしたら藤井君の子供がまた出て行って、藤井君が年老いた頃に家族を連れて戻ってくる。そういうのがいくつか続けば、大きくはならなくても現状維持が続くペースですが、そこがどうなるか、今後気になります。

大　須：それでも増えるということはあまりなく、維持できれば良いということではないでしょうか。長い目で見れば減る方向が強くなりそうですから、維持されている間に有効なものを考えていかないといけないでしょう。

藤　木：これまでの年齢構成が仮にまったく変わっていなくても、今後もそれを維持できると考えるのはそれはあまりにも統計的な考え方ではないでしょうか。都市的生活スタイルの問題点が明確になって、多くの人が自然回帰的になり、都市的な便利さを求めたりしていくのが変われば、土倉集落の生活スタイルは特別に自然派的なスタイルとして評価されることになるのではないでしょうか。でも、今後も集落として維持するにはかなり難しいことではあると思います。でも、残っていってほしいと思います。

鴨志田：これから後の世代は帰ってこないような気がします。小さい頃をそこで過ごしていなければ帰ろうという気持ちは薄くなっていくように思います。

藤　木：小さい時にいないとね。それでなくとも小さい時にしょっちゅう遊びに来るとか。夏休みは岩手県で過ごすとかして、何かしら接点を持たないと、「お父さんは帰るからお前らもいっしょに」という風にはならないと思います。

鴨志田：定年で帰るということは、子供はもう高校生とか大学生だから、この集落に帰るということについては、帰る接点はなくなっちゃいますよね。知らない田舎にはなかなか帰らないでしょう。小さい頃によっぽど田舎に愛着を持たせるようにしないといけないじゃないでしょうか。

小　泉：そもそも愛着がなく知らない土地だったら帰らないです。

藤　木：でも出て行くことはいいかもしれません。お嫁さんを連れて戻ってくればいいと思います。そこだけずっと閉塞的になって、男だけになったら途絶えてしまいます。土倉集落を盛り上げようとして、仮に上手く盛り上がったとして、例えば企業が上手く近辺を活性化させてしまうようなことになれば、そこは衰退するかもしれません。そこで企業がすべて運営することができるようになれば、そこで働けばいいこととなり、そこで完結してしまって、外に出なくなる。まぁそうはならないと思いますが、すごくいい風に考えれば、外に出なくなったら家族を連れてこなくなっちゃうので、もうそれで衰退していく可能性もありますね。都市から若い人を常に補充することで生き延びる。ここはあくまでも維持していればグッドとするという考えも成り立つかもしれません。戻ってくる環境が整っていれば、いいのかなと思う。逆にあのままを維持することは大変なのかもしれないけれど、そういうのも一つの方法かなとも思います。

小　泉：藤井君のお父さんみたいに一度、仕事を別のところでして、定年で戻ってきてというのが一番自然でしょうね。

鴨志田：やはり小さな頃にここに住んでいたかどうかが重要な気がします。ここが一番という想いがないと戻れないと思います。人の性格によるのかもしれませんが、都会が一番となったら戻るのは辛いことになるのでしょう。

萩　原：そうだと思います。その土地に愛着があれば、戻りたいという気持ちが生まれると思います。

藤　木：生活の不便さとかも考えて、それも含めて戻れるかどうかということが大事だと思います。

大　須：中田保正さんもそうですね……（ここでは田舎暮らしらしいことは全く何もしていません。……ここにいること自体がとても心地いいと感じているので、……いるだけでいい）と言われてます。[5]

鴨志田：最近の中心的な世代の人で土倉集落から出たことがある人はいますか？　東京とかで働いて戻ったのか、釜石市などで働いてずっとここにいたのか。

大　須：紺野輝幸さんはそうですね。[6] 藤井まさこさんも一度は外に出ていますし、[7] 紺野昭二さんなども一度は出ています。佐々木康行さん、中田さん、藤井剛君などは学生として出ています。むしろ出ている方が普通で、現在いる人はかなり意識して戻ってきている人が大部分のようです。

鴨志田：そういう人達の意識はまたちょっと違うのではないでしょうか。親世代のものをそのまま引き継ぐことを良いとは思っていないかもしれません。

萩　原：地域の良さを意識している面があるかもしれません。

大　須：少なくとも「継がなければいけない」という考えだけが前提になっている人ではないでしょう。ただ、親の面倒を見るという面のある人は居ると思います。

鴨志田：藤井剛君の家でもお婆さんの言い分を変えるのがすごく大変ということで、なるほどなぁと思いました。藤井君のお父さんにしてもすべて昔のままやろうとは思ってないですよね。だからまた変わっていくのじゃないかしら。お爺さんが亡くなって、お婆さんの立場が変わり、これまでの考えを変えざるを得ない、そういう状況が他の家でも起きているかもしれません。

藤　木：お婆さんの場合は、少なくとも儲かるから農業をやるということにはなっていないでしょうね。畑があるからやるという感じや、あの家は働いていないと言われたくないとか、そちらが強いのではないでしょうか。

鴨志田：でもある意味、そういう人達がいたから日本が成長してきたのかもしれません。東京だって戦後はそういう風に、朝早く起きて働いてというのが普通だったのかもしれません。祖父の世代を見ているとそう感じます。私の父方は電気系の自営業です、曽祖父が興して最初はモーターをやっていました。それから時代ごとに作るものがどんどん変わって、今は検査機械の基盤を作っています。お客さんが中国とかに工場を出す時には、検査機械の一部を組んだりしていました。ちょっと昔は漁船に積む魚のレーダーとかを作っていました。その時代時代で変えています。ウォークマンにかかわっていたこともあったし、今は携帯の何かを作って、生き残っています。過去に従業員がいたこともありましたが、現在は、父と叔父でなんとかやっています。祖父はモーターの技術を利用して扇風機などを作っていたようです。工場は都内にあります。私は小さい頃に父が家にいるのを見たことがありません。ずっと仕事をしていたイメージです。今は目が見えにくくなった、手が痛いとか言いながらやっています。両方の祖父を見ていると、働く気構えみたいなものがすごい。人生において仕事が第一なんです。高度経済成長を支えてきた人達は一番が仕事ですが、今の人達はそうでもないですよね。食べられるならどんな仕事でもやると言うような気迫が無いように思います。個人差はあるけれど、土倉集落のお婆さんみたいに朝早く起きて、一日中せっせと働くという、そういうことができるかと言われれば……。例えば定年後に戻って、藤井君のお婆さんみたいな働き方ができるかと言うと、きっとしないですね。それがいいのか悪いのかはわかりませんが。そういう意味で、仕事に対する意識が変わってきているというのを実感します。

（2）集落の将来を考える――集落に特有なもの――

鴨志田：このままでもいいよという人達も結構多いのではないかと思います。そういう人は自分達の田畑を耕して、自給自足できる程度で、子供が町から帰ってくればいいと思っているのかもしれません。

小　泉：集落の将来について最終的にどのようなものしていくのかという問題はあります。土倉集落に外から人を入れて、人口を増やしていくことが目標なのか、今、藤井君のところでやっているような一日とか二日、長い場合は三カ月とか滞在してもらう人を増やしたいのか、どっちがよいのだろうか。よそから来た人が土倉集落に定住して農業をするならば、農業の振興策も考えなくてはいけなくなると思いますが、集落全体で考えるのが必要かもしれません。おそらく藤井君の家だけでやりたいと言っても、周りの協力が必要ではないでしょうか。中山間地で田畑も少ないので、新規に農業する人を受け入れるのは難しいかもしれません。耕作放棄地を減らし、土地の保全にも繋がる形で受入ができればよいと思いますが、そういけるかどうか。

鴨志田：新規に来た人にはけっこう厳しく、挫折して帰ったケースが多いとか……。全体としてそうでしょうね。場所にもよるでしょうが、積極的に呼び込んでいる所もあるようですが、どうでしょうか。[8]

小　泉：そういう所は、勉強が足りない人でも呼び込む側がフォローしているからやっていけているというのがある。入ってきて「さぁ始めましょう」と言っても、今までそういう機会が無かった人に、なかなかすぐにできるものじゃない。例えば藤井君の家でも何代も前から農家で、蓄積があったからできて当たり前なのだ。そういう人から見て、新しく来た人がやっているのを「何だあれ」と思うのは当然あると思います。そうやって誘致するならば、来た人達に農業についての技術や、農村での生活などについて予備知識が必要なので、そのための期間をとらなければならない。だから、五年十年というプランがある程度はあって、そこに乗れるようにしてあげないと無理ですよね。

鴨志田：もちろん行く側に本気でやる気が足りないと言われればそれまでですが、受け入れる側も本気で人が欲しいのかという問題もあるように思います。行政と町民にギャップがあるのではないかと思います。集落の人が本気で新しい人を受け入れる気があるのかどうなのか？　でもそれは意識しているわけではなく、昔からの「よそ者はよそ者」という意識が強いのではないかと思います。最初の調査の時にすごく印象的だったのは「あそこの奥さんは違う集落の出身だから……」という話をけっこう聴きました。何代も前まで遡って云々というのもありました。その頃、あなたは生きていなかったんだからどうでもいいじゃないのと、内心少し思いましたが、田舎はそういうものなのかなとも感じました。

萩　原：「よそ者」という意識はあっても、それ自体に集落ごとの考え方もあるので、悪気はないと思います。考え方が異なることを「よそ者」ということで理由づけしているところがあるのではないでしょうか。

藤　木：この集落は、特にその傾向が強い気がします。いい意味では絆が強いのだけれど、よそ者が入りにくいような性格を持っていると感じました。結局「何をしていた、何時まで起きていた」というようなことは家族とすれば当たり前でも、僕らからするとあまりにも干渉されすぎている面があると思います。ここの良い面（今後も変化させてはいけない部分）と時代の流れにあわせて変化させて行く事（変化させなければならない部分）を分けていかなければならないと思います。そうしなければ、土倉集落がただの山間の土地になってしまい、結果なくなってしまう……という極端な発想ですが、土台は何であるかを固めることは大事だと思います。でも過度の干渉が良くないこととは簡単には言えない部分もあるかと思います。そうした部分が土倉集落維持の原動力になっているのかもしれません。

小　泉：川があるために、集落で固まりになるしかないというような地形になっています。だから「他所から来ている」という意識が強くなるのかなと思います。

鴨志田：干渉されるのは、田舎はみなそうなのかもしれないけれど、私には田舎はないし、本家・分家というようなことにも縁が全くないので、ちょっと異様に感じます。私の家は曽祖父の代に東京に出てきました。そして祖父は曽祖父の地元の茨城から婿入りした形なので、その時には本家分家というのはあったようです。父までは茨城の方と繋がっていましたが、父も東京生まれなので私は行ったこともなく、まったく関わりがありません。母方も祖父が若い頃に上京してきているので田舎がありません。従兄弟達では集まりますし、お葬式には遠い親戚も来ますから、再従兄弟（はとこ）くらいまでは言われればわかるという程度です。だから本家分家と優劣をつける意味がよくわかりません。

小　泉：農家がもとになっているところだとそういうことがあるようです。僕の母の実家は江戸時代から集落一体で農家をやっている所で、やはり本家が一番強く、本家があって分家があってという風になっている。藤井君のところと同じような感じです。僕の母は外に出てしまったので、もう繋がりはありません。東京の端っこの田舎で、もう農業はしていないけれど、本家と分家という繋がりはいまだに強いです。

萩　原：僕の実家は分家です。本家は農家をやっていますが、分家である僕の父は、農業はしないで、公務員でした。本家の近所に住んでいたので、本家の農業を手伝うことはありましたが、本家だから強いということはあまりありませんでした。

鴨志田：不思議な制度だと思います。そもそも長男が家を継いで次男以下は外に出るから分家ができるわけですよね。

大　須：現在では「本家」「分家」というのは不思議に見えるかもしれません。第二次大戦後の戦後改革で、新たに制定された日本国憲法の視点で見れば不思議ですが、それ以前の旧憲法下の民法で「家」は戸主と家族から構成され、戸主は家の統率者として家族を扶養する義務を負うことと規定されていました。戸主が死亡などによって新しく変わる場合は、前戸主から新戸主へ全財産を譲り渡すものとされ、新戸主になれるのは同じ家に属する家族の中から一定の順で決められることとなっていて、通常は長男が戸主を継承していました。分家は所属する家から離れることで、離れた家族が「分家」、もともとの家族が「本家」と規定されていたわけです。ですから「本家」「分家」は不思議な制度ではなく、昔は法律に基づいた制度だったのです。もっともこのような法律自体が封建的なもので、近代的な社会では不思議と言えば、それはそうだったので、戦後の改革で今日のようなものに変わりました。かつては、農業が経済力の基盤になっていたので、財産である農地を持つ本家の経済力が強く、何かあれば援助するというような経済力も持っていたわけです。経済成長を経て、農業の経済力が弱まった今日では、農業ではなく兼業に経営の重点を置いている分家の方が、経済力が強いということもありえるというか、むしろそちらが大部分になっています。そのようないきさつで法律的には根拠がなく、経済的にも「本家」「分家」の経済的な意味が異なってきているわけですが、長年続いてきたものが意識の上では簡単になくならないのも現実でしょう。かつては身分的差別が国の制度になっていたわけです。

鴨志田：そういう本家や分家、「よそ者」というような感覚が薄まっていかないと他の人が入っていくことは難しいと思います。でも薄めたいと思っていない感じもあるような気もします。窮屈ではあるけど、あえてそれを「良し」として、変える気がないようにも思えます。

萩　原：都会のように人がたくさんいて、いろいろな考えの人が集まり、楽しませるものもたくさんあって、話題にも事欠かないような所であれば、考え方も柔軟になるのかもしれませんが、土倉集落はそのようではなく、「よそ者」意識はどうしても強くなるのではないかと思います。

藤　木：例えば二、三人が集落に入ってくるのと、五十人位がわっと一気に入ってくるのでは違うと思います。土倉集落は五十人入ればいっぱいになってしまいますが、二、三人ならば自分達の方が大多数だから、やはり「よそ者」になっちゃうのかもしれません。

（3）田舎の生活感・都会の生活感

小　泉：都会では、仕事をしていれば一日の半分は、町内にはいないので隣の家の人と接する時間は少なく、会ったことも無いということも十分ありえます。

鴨志田：私のところでも、わざわざ家をたずねるようなことはなく、近所の付き合いは回覧板くらいです。隣に住んでいるお爺さんがいつ亡くなったのかも知らなかったことがあります。家でお葬式を出すわけでもないので、後から回覧板で知ったりします。町内会の仕事などを積極的にやっていればわかるかもしれませんが、お祭りとかに寄付金を出すくらいで、当番の仕事以外はしないのでわかりません。近所のことは全然わからないけれど、それでも困ることはありません。マンションなどは町内会に入らない場合も多いし、表札も出ていないから名前すらわからない。表札は出している方のほうが少ないかもしれません。

藤　木：僕も表札は出していません。部屋番号だけしかないので、以前の住人の郵便物が入っていることはよくあります。私の知り合いは防犯のために自分の名前と父親の名前を書いていたと、言ってました。

鴨志田：そういう環境に慣れてしまっている都市の人間が、土倉集落のようなところに行ったらカルチャーショックだらけだと思います。友達に小学校の先生をしている人がいます。住人が三百人くらいの離島に赴任したのですが、教職員の部屋の明かりが何時までついていたかを皆が知っていたそうです。「先生昨日は遅かったね」などと普通に言われて辛いという話をしていました。プライバシーは全くないし、島だと逃げ場がない。飲食店は二軒しかなく、会話が全部筒抜けになってしまうから外では飲めない。二年で次の赴任地に行けるらしいのですが、三年いないと実績にならないらしく我慢していました。ほとんどの先生達は三年で出てしまうそうです。もちろん島の人達からは先生は「よそ者」という扱いをされると言っていました。生徒も「どうせ先生もいなくなるでしょう」と最初から言うそうです。

藤　木：住田町に暮らして農業をしていれば、外に出るサイクルもいっしょ。外に仕事に出る人も家が農家であれば四六時中顔を合わせている。そうだと最初のうちは他所から来た人が目立つことになるでしょう。

小　泉：都心部に住んでいるとそういうことはあまりないから、住田町や離島のようなところに行ったりすると、それに慣れないのは当然だと思います。僕は東京でも田舎の方なので、僕の家の近所も土倉集落と似たような、そんな感じです。近所の人が「遅かったね」なんていう環境に住んでいます。だから僕は土倉集落のようなそういうところでも馴染めるかなと思います。都会の人でも人によって違うとも思います。

鴨志田：昔はそれこそ雨戸が何時に開いたとかが近所中にわかりましたが、だからどうということはありませんでした。

藤　木：もう出来上がっている環境があれば、入っていく人に適応力が求められるのでしょう。

鴨志田：藤井まさこさんのように積極的に村の行事に参加していくのが、集落で生活するためには一番だと思います。報告書を読んでの感想は、村意識が強いのだなぁというものでした。都市部に住んでいるとそういう感覚はまるでありません。

（4）土倉集落の農業

藤　木：土倉集落の中だけで商売が成り立っている人は多分いないですよね。自分達の生活の一部をまかなうのが中心で、それで余ったものをちょっと売りに出すくらいというほどではないかと思います。それで生活をまかなっている人はほとんどいないから、人を集めて事業として生計が成り立つようにするということになるのだと思いますが、元々そこにそんなに産業が発展しているわけではない。だから何かを作って売ろうというのは、広さを考えても今後もちょっと難しいのではないかと思います。そうすると人に来てもらって、グリーン・ツーリズムのように体験してもらって、その良さでやっていくことなら続けられるのかもしれません。

小　泉：一九九七年に聞き取りした時に、苺を作っている家があって「出荷はしているけど甘くなくてあまり美味しくないからケーキの上に乗っけるのではなく、中に入れるためのものを出している。でもあんまり売れない」との話でした。それで他の物は作らないのですかと聞けば「あんまり新しいことはしたくないな」とのことでした。現状維持で、あまり余計なことはしたくないというのは、高齢者はそうなると思います。若い人が新しいことをしようと言っても、賛同していっしょに動いてくれるのかどうか、今のままではあまり期待できないかもしれません。

藤　木：その地域でどんなものを作れるかという視点でいろいろ探ってみているというのは、本人の経営にプラスにならなくても、地域のことを考えれば、これができるようになったからやってみませんかというのでは有効だと思います。

鴨志田：紺野昭二さんは目の付け所とかアイデアがすごく豊富でおもしろいです。でも町営林に勝手に蒔いていいのか、こんなきわどいこと言っちゃっていいのかな。

大　須：勝手に入っているのではなく、むしろ紺野さんが管理を委託されているような関係になっているようです。詳しくは聞いていませんが。

鴨志田：シドケは初めて聞く名前でした。どこまで運んでどこで売るかということと、同じ町内では栽培している人が多ければ買ってまで食べるのかということと、県外に出すのであれば品質を保ったまま量が揃えられるのかということが問題になると思います。研究熱心でおもしろいと思いますが、買う人はどうかなと思いました。

萩　原：売り方の問題ですが、商売で儲けるというよりも、商売に繋がるアイデアを試しているところにとてもおもしろさを感じました。山の中で暮らす楽しさなのだと思います。

藤　木：それから作ったものにどれだけ需要があるかが大事ですね。作ったのはいいけれど輸送手段とどのくらいの範囲まで運べるかどうか、どのくらい買ってくれる人がいるかを考えて研究しなくては、結果として何も返ってこないと思います。現在は「コールド・チェーン」もあり、日本全国に輸送するのは基本的に可能だと思います。ただ、単価の安い葉物野菜であれば、鮮度・輸送コストの問題があります。土倉集落の場合は規模が小さいので、投入人件費などのコストを一単位の収入と比較して意味が出てくるのではないかと思います。つまり、楽でも安いものは事業として行うのは難しいと思います。「生きがい」「自給自足」「趣味」で良いなら楽で必要なものをつくる方向の方が良いかもしれません。コールド・チェーンと言えどもトラックなどで長時間運ぶわけです。私が高知にいた時に地物の葉物野菜と県外の葉物野菜との鮮度の違いにはビックリしました。地物の鮮度はすばらしいと思いました。東京のような大都市で地物の鮮度を求めるのは無理です。トマトやイチゴなども同じです。トマトも九州などから東京に運ぶには青いうちに収穫しなければならず、消費地近くの方が味に関しては断然良いと思います。ウドとかはそんなに大量に買ってもらえるものではないので、わざわざ設備を整えて作っても採算を合わせるのは大変ではないかと思います。

鴨志田：消費者へのPRはどの程度あるのでしょうか。元手をかけずにお年寄りが作ることを前提にしたのは、ちょっとしたお小遣いになればいいのか、そういう楽に作れるものに近辺で需要があるのか、買ってまで食べる人がいるのか、消費地が近くないと厳しいですよね。あの近辺の人が現金で花を買うとは思えません。やはり商売として厳しいのではないでしょうか。カタログでは高値で取引されていると言うけれど、そのカタログは都会向けのものでしょうから、売れないですよね。その辺のギャップはかなり大きいような気がします。商売にするのであれば消費者をメインに考えないと売れない。何がほしいかということをよくマーケティングして、消費者が欲しいものを掘り起こしていかないといけないが、そうするとお年寄りに対応できるのかということになると思います。でもお年寄りでもできるもの、そして遠くまで運ばないということを前提に考えると住田町の人達がお金を出してまで欲しいものというのは何だろうと、そこから考えていかないといけない。お金をかけられない……だからみな山に行くんですね。

大　須：売るというのは、どこで誰に何を、ということになります。都会に運んで、都会の人に食べてもらうというのは一番大量にさばけることはたしかでしょうが、それでなければいけないかというと、そんなことはないでしょう。大量にさばかなくてもいいという売り方もあるのではないのでしょうか。都会の人に、田舎まで来ていただいて食べてもらうということもありえるわけです。売るのは住田町で売る。食べるのは住田町に来た都会の人。そんなことになるのではないでしょうか。地酒なども最近はそのように売るのがトレンドになっているようです。それではたくさん売れないということになるのですが、高齢者が近くの山から取ってきて植えているものだからそんなにたくさんはできないし、お金はあまりかけてはいないので、大きな金になる必要はない、という具合になるのではないでしょうか。

藤　木：そんなに簡単なら自分も作ろうとなるのではないか。たしかに料理の飾りに使う葉っぱなんかは売れてます。マーケティングは役場がやる。役場の人が注文を聞いて「この葉っぱを取ってきてください」と放送をかけて、お婆ちゃん達がそれから取りにいく、そんなことをしないとダメかもしれません。徳島県の上勝町[9]の葉っぱビジネスは有名です。一九九九年から第三セクターの「(株) いろどり」がこの事業をやっています。

大　須：それで大きな収益を得るというのは難しいでしょう。そんな収益が見込めるものがあれば、東京の大きな企業が来て、都会と同じやり方で経営にのせてしまいます。それでは山間地の良さがなくなってしまいます。そこで、農業でもニッチな部分を探し出す必要が出てくるのではないのかと思います。少ないから価値のあるもの、都会ではめずらしいが、山村には一杯あるものを探し出すのがポイントではないかと思います。上勝町はそれを成功させているのでしょう。上勝町は田舎で採れたものを都会に運んでいるようですが、軽いものだからそれができるようです。長野県伊那市の「グリーン・ファーム」[10]もそういうことをやっているようです。売る場所は田舎ですが、買う人はどういう人かというと、広域農道沿いにあるので、自動車で来る人でかなり広い範囲になっていると思います。

鴨志田：流通部門とか商品の受注発注部門を役場がやり、お年寄りにできる仕事だけを割り振るというやり方ならできるのでは。葉っぱを取ってくる係で。官民一体でやるのがポイントかもしれませんね。

藤　木：そうすると野菜はやはり無理。楽でも安いからコストを吸収できない。耕地面積も少なく、効率良く多くの量を生産できず生計が成り立たないのではないか。果物でも手間がかかるものは無理。果物は美味しければそれなりに需要はあるし、生産量が少なくても買ってくれる人はいる。都会で買ってくれそうなものを売ればいいのではないのでしょうか。

大　須：果物はけっこう手間がかかるし、農薬もやらないと、一般に売れるものにはならない。

小　泉：農薬も手間もあまりかけずにできる果物があると書いてありましたよね。ブドウとか。

大　須：山ブドウでしょ。普通に店で売っている巨峰や甲斐路、ピオーネ、デラウエアなどはすごく手間をかけています。そういうものに伍して売っていくことになれば、それなりの手間・ヒマはかけないと、だめなんじゃないでしょうか。アケビは売れたようですが、一個だけだったようです。

鴨志田：ブドウは時期も短いし、あんまり消費量があるとは……。ブルーベリーとかも大量に食べるものではないですよね。ジャムだったら、生から作れば美味しいかもしれないけれど、ブルーベリージャムは安く出ていますよね。輸入物はくらべものにならないほど安い。加工品で売ると品質はそれなりでも、量と加工賃が必要になる。委託して作ると料金がかかるし、自分達で作るのならばある程度の設備がいるし衛生面などの問題もあり大変。摘み取り農園にする。でもあそこまで来るお客さんがどれだけいるかですよね。例えば住田町でしか採れないものだったらお客さんが来るかもしれませんね。

大　須：だから、ここにしかないものを狙うというのが大事なのではないでしょうか。ここだけを考えるなら地域もそんなに広くないし、農業に関わる人もそんなに多くはない。それらの人、その地域に合うものを狙うということで良いのではないでしょうか。ここでなら通じるものを考えると、それがこの地域独自なものになるわけです。東京のような大都市でいろいろなところから集まってくる農作物と同じレベルで競争して勝てるものを考える必要はないでしょう。紺野昭二さんの試みもそういうところに繋がっていく可能性があると思います。

（5）農業の近代化で失われたもの

小　泉：紺野昭二さんは鶏は締められないと言っていた。鶏には天国でしょうね。今ある普通の養鶏場のイメージとは全然違って、のびのびしていますよね。烏骨鶏は良いかもしれませんね。ただ足環をつけて管理していないんですね。そうするとどれが産む鳥なのかわからなくなっちゃうんですね。

鴨志田：ちゃんと売る気があれば、鶏に限らず農作物のトレーサビリティー[11]が必要です。管理はしっかりやっていかないと今のご時勢、相当厳しいですよね。農作物を売るのであれば、今は放射能検査もしないと出せないですよね。しかしあれはすごく費用がかかる。食べ物を作るのは相当厳しい。山のものを持ってくるのも……。面白いけれど商売にはならないような気がします。

大　須：現在の養鶏場とくらべて見れば、紺野昭二さんの養鶏は確かに違ってみえるかもしれません。日本の養鶏は急速に変化してきました。一九六四年の統計では採卵鶏の一戸あたり飼養羽数は二二・九羽、ブロイラーで六二四・三羽です。それ以前は採卵鶏とブロイラーを区別した統計はありませんでした。それが現在では、採卵鶏もブロイラーも一戸あたり飼養羽数で四万羽を超えています。大規模化が急速に進んだのです。これだけ大規模になれば管理も機械的にしなければならなくなると思います。私の知っている会社では鶏の育成状況を入力する業務を受託しています。毎日、各農場の鶏の斃死（へいし）数を入力しています。大手スーパーへ出荷する為に管理が必要な為だそうですが、斃死率が決められた率を越えると、公的機関の証明が必要とか（必ずではありませんが）鳥インフルエンザ対策としてやっています。しかし、今日のような大規模経営になる前は日本の養鶏は経営とは言えないような小規模経営だったのです。庭先で何羽か飼うといったような経営で、その良さをあえて見せるというのはそれなりに意味あることではないのでしょうか。庭先をミミズを食べながら歩いている鶏を見せるというのも一つのイベントにはなると思います。八王子の酪農家は牛の名前をつけたアイスクリームを売ったりしています。

藤　木：良い土壌が良い物に繋がるとは決まらないようです。トマトもやせた土地の方がおいしいものができるそうです。基本的に実のなるものはやせた土地の方が、その物が持つ本来の生命力で甘くておいしいものができるそうです。永田農法[12]というのはそうした性質を活用した農法のようです。

大　須：農業経営とすれば、旧来のやり方ではお金にはなりにくいのは事実かもしれません。でもそれを近代化して失われたものの中に捨てがたいものがあるのも事実ではないでしょうか。

藤　木：他に何か組み合わせてやらないと、一つだけでは観光客は呼べない。観光客がお土産に買っていく、もしくは遠野市あたりをメインにして、そこに出すか、遠野市に来たお客さんに住田町ってこんな所ですよと紹介して呼べるようにするとか。少し前、満天青空レストランというテレビ番組で「湘南レッド」という赤タマネギを放映していました。こだわった野菜、といっても手間のかかるものでもなくても、規模は小さくても収入に繋がると思います。そのようなものが見つかれば理想ですね。健康、重労働、価格、社会情勢などの問題もありましたが、葉タバコ栽培も土倉集落の差別化作物の一つであったのではないでしょうか。葉っぱビジネスのように自生している物を取りに行くなどでコスト低下はできるのではないかと思いますが、実際にそのようなものとして何があるかというと、そう簡単には出てくるものはないのかもしれません。

大　須：先ほどの小規模養鶏ですが、小規模な養鶏をやっている農家は養鶏以外にいろいろなものをやっています。例えば稲作、野菜、果樹などです。それぞれ小規模なものをいろいろやって、農家全体として見れば、多角経営をやっていたわけです。それは能率が悪いから作物の種類を絞りなさい、そして大規模農業にして生産性を上げなさいというのが農業基本法による近代化農政だったのです。作物を絞る前のいろいろなものをやっているのを見せれば、見るだけでもいろいろあり、体験できるものも多種あることになるわけです。

鴨志田：遠野市から循環バスを出すとか。「迎えに行きますよ」とやるのはどうでしょうか。

藤　木：釜石線沿線で、そういう形で来られる範囲でやってみるといいかもしれません。催し物や摘み取り農園とかを紹介してセットにして出す。住田町や土倉集落だけで呼ぶのはちょっと厳しいかもしれません。

鴨志田：千葉県の館山にイチゴを摘みに行くというのは東京ではかなりメジャーな観光になっています。あそこは収穫の期間も長いからイチゴ狩りツアーなどもたくさんあります。

小　泉：ミカン狩りツアーとかもよくやっています。小田原もやっていますよね。

大　須：昨年、ゼミで小田原の早川地区を中心に栽培を始めた湘南ゴールドの調査をしました。晩柑類の湘南ゴールドという新しい品種を売りに出し、地域興しの目玉にしようとがんばっています。湘南ゴールドの栽培を増やすだけでなく、ビールやワインなどの加工品も手がけています。湘南ゴールドを使ったスイーツも各種作っています。有名なパティシエの鎧塚俊彦さんに近くに店を出してもらって、そこに地元の産直野菜店、レストランなどを開いて、箱根の観光客に寄ってもらうようにしています。一次、二次、三次産業が連携する六次産業化です。

鴨志田：安上がりで誰でも簡単にできるものは誰でもやる。量で勝負するか、安定供給を売りにどこかと組んでやるかだと思うけど、そうすると労力が追いつかないですよね。オイシックス[13]（oisix）という野菜の通販の会社があるんです。若い人が起こした会社で、今すごく急成長しています。ネット野菜の販売の上位だと思うのですが、そこは徹底して消費者に寄り添った感じなのです。今まで有機野菜というとダンボールパック単位でしか選べないというのが多かったけれど、一個単位で選ぶことができて、組み合わせも全部自由で、しかも携帯サイトから買い物ができる。野菜以外にも、野菜といっしょに欲しいもの、調味料やお菓子とかも買うことができる。産地は関東だと思います。そこの販売とかネットの広告とかに、前にいた会社が関係していました。新規参入すると聞いていたら、あっという間に新聞に載ったり、イベントを開いてアーティストに商品を宣伝してもらうとかやっていました。あとでアーティストのブログに書いてもらうとか。そこで出しているミカンジュースとかもアーティストがブログですごく推していた。いろんな販売戦略をしていました。そのくらい消費者に寄り添わないとヒットしないのではないかな。

(6) 観光として考える

鴨志田：住むのはダメでも、民泊したり農業体験とかをしたいという人は、都会にそれなりの数がいると思います。ただ東京からは遠いので……。

小　泉：だから地元だけのイベントに終わらせないで、この前六本木でやったようなイベント[14]に結び付けて人を呼べるような企画を立てるといい。

鴨志田：東京の人が土倉集落で農業や山村体験をするには一泊二日では無理だから、時間をかけられる人でないと無理でしょう。それにはそれなりの付加価値をつけていかないとダメでしょう。佐々木康行さんの話では、お金に余裕のある女性にはすごくていねいなサービスしているじゃないですか、その高いクオリティを他の人にも提供できるのかが問題です。この人の知り合いをどんどん連れて来てもらうならば、その人の顔を潰さない程度にはそれなりのサービスをしなくてはいけない。この時は至れり尽くせりですから、それは喜んでもらえると思いますが、商売として成り立つのかな……。他の人にもここまでできるのか。でもそのくらいのプラスアルファがないと、東京から住田町まで行かないかもしれない。住田町まで行く途中にも農業体験、田舎暮らし体験ができるところが山形辺りとか長野にもある。住田町は公共交通機関だけでは行けなくはないが、車が無いと厳しい。ただそういう長い道中も含めて企画を立てるということもできるかもしれない。そうすると時間とお金と健康に余裕がある人じゃないと厳しいですよね。半分は登山のつもりで、元気でお金もある中高年の人ということになるかもしれません。でもそういう人は、そうたくさんはいないのではないでしょうか。

藤　木：秘境を売り物にするというのがいいかもしれない。

鴨志田：田舎暮らしにあこがれる人は、白川郷のように古い昔ながらの家がいいと言う。だからいかにも昔の農家みたいなところに泊まれるという売りがないといけないと思う。中に入ると普通の家といっしょというのではどうなのかな。秘境とか不便さを体験するというようなものであれば、それぐらいとことんこだわらないといけないと思う。

萩　原：住田町に近いところでは遠野市に「曲がり家」という民宿があります。一度、泊まりにいきましたが、古い民家そのままで不便だった。田舎の不便さを売りにするのは貴重だと思いました。

小　泉：じゃぁ、あのコンビニができちゃったのはちょっと失敗だったかな。土倉集落から町のほうに下りていったところの藤井剛君が結婚式したところの隣にできてますね。「藤井君は毎日のように行っている」と奥さんが笑ってました。でも白川郷の観光は極端に古く残しているから、ちょっとわざとらしい気もしますね。

藤　木：白神山地[15]はかなり人が来てますね。それこそ道があるのかどうかわからないような所に、暗門の滝[16]が第一から第三まであって、第三の滝まではかなり歩かないと辿りつかないようです。自分は手前でやめましたけど、やっぱり行く人はいました。都市部から車で一時間くらい走ると白神山地の入り口に着きます。あそこは国立公園だから、道はきれいに整備されていますが、ひたすら山の合間をずっと歩いて行きます。住田町にも自然しかないのであれば自然をどうやって見せるか。変に近代化すれば、それはやはり都会に負けちゃうから、そのままが良いのではないかと思います。

小　泉：ただ、同じものを維持するには地道な忍耐力が必要になりますね。

藤　木：ヒットを狙わない方がいいのかもしれません。地道に息長く絶やさないように続けて行くのがいいかもしれません。ある程度基盤が作られれば、大ヒットを狙うというのもあるかもしれませんが、いきなり大ヒットを狙ったらすたれるのも早いと思います。地道な努力を重ねて行って、多くの人の記憶に残るというのが理想ではないでしょうか。

小　泉：ある程度の規模までは造りこんでおいて、それを藤井剛君のお父さん一人とかじゃなく、藤井君などが他の人に繋げられる位になって行けばよいのではないかと思います。

萩　原：大規模ではないもの、新しい施設を造りすぎないことだと思います。五葉小学校をとり壊して新しい施設を建てる時にもさまざまな議論があったようですが、古いものを活かす方が素敵だと感じます。

藤　木：持続的継続的に行ければいいじゃないですか。ヒットして一代ですぐ終わりましたというのでは、あまり良くないのではないですか。継続的というのは、冬の寒い時期もありますから、毎日とまではいかなくても、年単位でつづけられることが大切だと思います。

小　泉：やはりそうすると中の下くらいを維持できるというのを考えないといけないかもしれません。グリーン・ツーリズムとかもどんどん企画を上げていこうとして、さらに上り調子にやりたいと考えちゃうと続けられなくなってしまうかもしれません。

藤　木：企画も単発と割り切っていいと思います。初めから今回限りとか期限を切って、好評だったら第二回目をやるという風でいいのかもしれません。

小　泉：そこにコミュニティというか結束があれば、何年経っても人口はそんなに減っていないというようなことになると思うんですが。

藤　木：体験だったらよそでもやっているし、とりあえず体験して、何かを得てもらえればいいかもしれない。だけど得るものが何かというのが重要ですよね。例えば田植えするだけで終わりでなくて、プラス・アルファが何か必要かもしれません。

鴨志田：そうですね、そこに行って体験できて価値のあることが必要でしょう。

藤　木：青森ではリンゴのオーナー制度がありました。コープか何かでやっていて、「木一本いくら、収穫後何十キロ入りのリンゴ箱を送ります、収穫の体験もできます」とある。そうなると時期になれば、各地から来て収穫するでしょう。子供や孫といっしょにとか思います。

鴨志田：でも管理する人がいりますよね。リンゴだとすればそれを育てるとか……。今の住田町では無理では……。それではその場限りの体験ということになりますよね。

大　須：オーナー制度は長野や神奈川にもあり、神奈川ではミカンのオーナー制度などがあります。そういうのは全国に広がっているのではないかと思います。その場合はリンゴやミカンを栽培する人は当然必要になり、その人が居て成り立つものになっていると思います。栽培はできても収穫や発送の労力まではないという場合にはその労力が省けるだけでなく、そのためにかかる経費、例えば、ダンボール代と選果などが省けるというメリットが生産者に出てきます。でも、土倉集落の実情を考えれば、栽培する人の確保がかなり難しい状態ですから、オーナー制度だけで何とかなるというわけにはいかないと思います。

鴨志田：私は土倉集落に行ってとても良い体験をしたと思っています。庭先でバーベキューすることは私の日常ではほとんどないし、なかなかいい経験をしました。ただ、山村留学で食事を出すならば、保健所の許可のようなものは必要ないのでしょうか。旅館という形でやるならば炊事場とかについてかなりうるさいと思います。だから簡単にはできないでしょう。ホームステイみたいな形にすればよいのかもしれませんが、制度との関係を良く調べてみる必要があるのではないでしょうか(17)。

藤　木：遠野市や住田町の委託でやっているという経験はあると思います。

大　須：藤井剛君のお父さんなどからうかがった山村留学の内容は、農作物の収穫体験を中心にして、炭焼き、そば打ち、竹かご作り、山の手入れ、マスのつかみ取りなどを組み合わせるというものでした。

鴨志田：種山ケ原のスターウォッチングは今やっているのかな。あれはすごく良いイベントだったと思います。あれはよそではできないし、宮沢賢治というネームバリューもあるし、結構やれるんじゃないでしょうか。

小　泉：もし星が見えない日でも、キャンプファイアーをしたり、学生を集めて大学の教授に来てもらって「俺ら宇宙人だ」とか話をしてもらってもいいと思います。他にもいろいろなイベントも考えられる。要するに夜、外に集まるというのがいいんじゃないでしょうか。

鴨志田：それなら行こうという人がいると思いますよ。普通のキャンプでなく、キャンプしながらイベントを楽しむというのがいいんじゃないでしょうか。

小　泉：大人だとフジロックみたいにとんでもないことになっちゃうから、小中学生くらいをターゲットにしてやるといいかも……。ああいうイベントって町は喜ぶけれど、周辺住民は結構いやがるんだよね。大人が来るイベントだと酒飲んであばれたりするから。

鴨志田：ロックフェスもけっこう流行なので、種山ケ原でやるのもいいかもしれません。

萩　原：ネットで見ました。KESEN ROCK FESTIVAL 12[18]が種山ケ原であります。実行委員会が主催で、後援が住田町と岩手日報と東海新報社です。住田町が前面に出ていますね。ただ天候に左右されるイベントは難しい面があると思います。

（7）震災と土倉集落

小　泉：放射能は積もっていくものだから、状況はどんどん厳しくなっていくと思います。止まるまで長期間かかりますよ。何も言っていないけれど今だって核分裂しているからこれ以上分裂しないように抑えているだけ、消えてはいません。だから雨になれば全部落ちてきます。僕の周りで震災後、例の福島のことがあって、東北地方、福島近県の農作物を買わないようにしている人がけっこういます。西日本から持ってきているのを買っている人が多い。今住田町や岩手県ではどういう状況になっているかわからないが、就農しても作物が売れなければ当然収入はないからすぐやめてしまう人もいると思います。原発事故で、放射能が終束するのにどのくらいかかるかわからないという。その状態で野菜を作っても、売れなければこれから始める人は増えないと思う。

藤　木：私の会社の人のお兄さんが福島の伊達市で桃農家をやっていて、社内で売れないかというので社内で広報をしたのですが、知事のお墨付きのようなものを貼るから買ってくださいというようなことになり、厳しいです。桃なんて日持ちしないから早く収穫しなくてはいけないということで、必死でした。他にも栃木とか茨城辺りの苺を社内に販売しているところもありましたが、去年に比べたらやはり注文が少なくなったそうです。産地を変えないといけないということでした。

大　須：今回の震災では住田町はあまり大きな被害はでなかったようです。でも、気仙川沿いの一つ下流の陸前高田市は大きな被害を受け、町中ほとんどが流されてしまいました。そこで陸前高田市に行くボランティアの人は陸前高田市に拠点をつくれず、住田町を拠点にボランティア活動に出かけるようになっています。そんな関係で震災でボランティアがたくさん入って、住田町は元気になっているみたいです。中田保正さんの店でも、朝はパンがたくさん売れているようです。佐々木康行さんの話でも夏祭りにボランティアの人がたくさん参加してくれているとのことでした。

小　泉：ボランティアで来ているような人達をターゲットにして、就農してもらってもいいと思います。ボランティアの人は半年とか長期間いるじゃないですか、そこで農家の良さを知ってもらって農業を始めてもらうということもできるのではないかと思います。

大　須：遠野市では具体的に始まっているようです。農地の手配もしているようです。ＪＯＣＡ（じょかっぱ）ハウス遠野という名前で、拠点になる事務所も設置されていました。うかがった時はお留守でどなたも居られず、詳しいお話は聞けませんでした。

藤　木：ふと考えると、農業の良いところというのはなんでしょうか？「最後は物を作っている者が強い」ということは聞いたことがあります。逆に、代々やっているから仕方なくやっているという人もいました。

大　須：日常の仕事や生活の中で住田町がどういう位置を占めているのか、どういう居場所になっているかというところを聞いてみたいです。一つのタイミングとして、震災をきっかけに住田町をどう受け止めているか、などわかったことがあるのではないでしょうか。

萩　原：震災の時は震源が近かったということもあって、岩手県と福島県は海側前面が直撃されました。電話は全然通じなかったので、住田町はどうなっているのかと思っていたら、ニュースで「住田町連絡途切れる」とありました。それで「えっ？　どういうこと」とネットでも調べてみました。何日か経って、遠野市まで行けば電話が通じるようになったという書き込みがあったので、大丈夫なのかなと思いました。隣町に行く所で土砂崩れがあって不通になったが、みんな無事みたいということがわかりホッとしました。住田町は僕の生活の中で、地震みたいなものが起こった場合にまず気にする所になっています。三、四年に一回くらいは住田町に行っているので、地震の時に連絡がしばらく無い時にはどうしているのかなと気になりました。ただ、住んでいる人達はずっと変わらないので、急に発展したり急に衰退したりすることもないだろうと思っています。

藤　木：友達が住んでいるとわかっているので、やはり気にはなります。自分は大学卒業後、高知に行ったり、郡山とか弘前などいろんな所に行ったから、住田町とはずっと途切れていました。一昨年の稲刈りまでは自分は音信不通組の一人になっていました。どういうきっかけで自分が東京にいるとわかったのか知りませんが、同期のゼミ生に年賀状を出したので、おそらくその線で萩原君から連絡が来て、そこからまた住田町と繋がったのでしょう。

小　泉：今回、職場でゼミのみんなが集まるという話をしたら、「へぇ、まだ繋がってるんだ、すごいね」と驚かれましたね。

藤　木：わたしも言われました。

鴨志田：調査に行ったからこそ、その後も繋がっているというか、そういうことになっているんでしょうね。

藤　木：たしかに調査がなくてただ藤井剛君が住んでいるだけなら、ここまで繋がらなかったかもしれません。そして先生もまだ調査を続けていたという繋がりもあったのではないかな。

萩　原：調査が一回切りでなくて、時間をかけて続けて集落の動向を見ていられるのは、とてもおもしろいです。特に中山間地域はものの動きがはやいわけではないので、卒業後もゼミの調査が続いているように感じます。

小　泉：藤井剛君が何年かに一回は東京に出てきて、今はこうなっているよと話したりしたこともあったかもしれません。藤井君が東京にある岩手県のアンテナショップに来た時にみんなで会ったことも何度かありましたね。

藤　木：一度、代々木公園で岩手県の物産展みたいなのをやると聞いた時には、同期のゼミ生といっしょに行きました。

大　須：藤井剛君のお父さんも住田町と外の世界を繋げることに積極的でしたね。お仕事とも関係しているのかもしれません。今も青年海外協力隊の活動や遠野市のグリーン・ツーリズムなどとも関係を持たれているようです。

鴨志田：受け入れる側も積極的だったのかもしれません。私には田舎がなかったので、田舎のイメージと言ったらもう住田町になってしまいます。きっと極端に田舎なんでしょうけれど、日本の田舎と言えばあれなのかなとイメージする源になっています。

小　泉：調査であちこち訪ねると、まず奥さんやお婆さんが出てきて、煮物とか食べろ、食べろと言われると、田舎に帰った時に婆ちゃんがお菓子とか出してくるのと重なります。都心部の子供にはそういうことはないので、農業の体験だけでなく、そういう農村の生活にも触れられていいのではないかと思います。

鴨志田：今、都会ではお年寄りと接触することもあまりないですよね。

萩　原：震災が起きた後に去年の秋と今年の三月の二回、大須先生と住田町に行きました。震災前の生活でも電気とかそんなに使うわけでもなく、電気やガソリンが大変なだけで生活自体は東京とあまり変わらないのだという感じがしました。あんな感じで昔からずっと変わらずにいるのだと感じ、それがあそこのいい所だという気はします。建物の中はリフォームされていることもありますが、古いままで何も変わらない日常がある。あと滝観洞も震災で入れなくなって、観光資源的なものが、そう考えると何もなくなってしまった。洞窟は震災後調査もできていないようです。

(8) 土倉集落のこれから

鴨志田：土倉集落の人達が望んでいることは何なのか、それが一番大事ですよね。

藤　木：佐々木康行さんの考えでは「人が少ないから増やしたい」ということで試行錯誤しているようだけど、今あそこの人口の大半は高齢者で、その人達は人が流れ込んできてもいいと思っているのか、そのあたりを下調べしたほうが良いかもしれません。例えばお嫁さんが隣の集落から来ただけで「どうなの？」というところがあるみたいだから、それよりももっと遠い関東や関西から人が押し寄せてきたら、お年寄りはおもしろくないかもしれません。不満が出るのは観光地内部からのようです。観光で商売をしている人はお金が入ってくるからいいけど、周辺に住んでいる人から苦情がきて、じゃあここは規制をしてということになるみたいです。やはりその立場、立場で感じ方も違うのではないかと思います。一部の人がやりたいと思っていても、全体としてそんなに頑張らなくてもいいいと思ってしまえば……。

鴨志田：その中でもユニークな活動をして集落のことを考えている人もいるので、そういう活動がうまくいくといいと思います。地域は高齢化しているのでしょうか。土倉集落の人達は最期を自宅で迎えるのかな。病院から往診にきてもらったりはしないのですか。定年後に帰って来るなら医療とかの不安はどうなのかなと思いました。車を運転できるうちはいいですけどね。変わらないことは良いとしても住めなくなってしまうと……どうしていたのかな。みんな健康なまま死んでいったのかな。

藤　木：土倉集落というよりも、「土倉家」というような感じなのかな。あそこは血縁家族が多いので、藤井剛君のお嫁さんも藤井君の家に嫁いだというより「土倉家」に嫁いだというような感じがあるから、みんな干渉するのではないか。分家は「土倉家」の別宅みたいなもので、家族として皆で嫁を迎えるという感じ。嫁に来て一人で頑張って困ったら協力するよというのではなくて、一つの家族として受け入れるから干渉ももちろんするけれど、家族だから何でも聞いてねというような雰囲気なのかな。家屋が個別に分かれているというだけで、同じ家族と考えているのではないかと思います。

大　須：でも藤井まさこさんはどんなふうに考えていたのでしょうか。

鴨志田：彼女は都会志向ではあっても、田舎の何たるかを知っていたわけですからね。そこまでとは思っていなくても、東京の人よりはわかっていたと思う。

小　泉：きっと最初は付き合いとかに慣れるまで大変だったと思いますね。本家には筋を通さなくてはいけないとか。

藤　木：今後、藤井剛君世代が外部の人も住みやすくしていってもらえれば良いのではないかと思います。私の職場の人、二人に土倉集落の本家・分家のことを話したら、うちの集落もそんな感じだったということでした。昔の集落はどこも同じようなものだったのかもしれません。今後、藤井君世代でどのような集落にしていくのか、その活躍にはすごく興味があります。

付　記

本座談会は二〇一二年四月七〜八日に行ったものを編集したものである。中見出しは、編集に際して付けた。

注

（1）大須ゼミ『中山間地域における農家実態調査報告書'97』一九九八年三月。13ページ。
（2）同前14ページ。
（3）同前160ページ。
（4）大須眞治「S町T集落をめぐる人々（1）」『経済学論纂』第51巻第5・6合併号、二〇一一年三月、「同（2）」『経済学論纂』第52巻第2号、二〇一二年一月、「同（3）」『経済学論纂』第52巻第5・6合併号、二〇一二年三月。
（5）大須「S町T集落をめぐる人々（2）」『経済学論纂』第52巻第2号、二〇一二年一月、42ページ。
（6）前掲47ページ以後。
（7）大須「S町T集落をめぐる人々（1）」。
（8）長野県上伊那地域では農業研修制度というものを作っている。上伊那地区の自治体とJA上伊那が共同して行っている制度で、新規就農者に対して月十三万円の所得を一〜三年保障して就農してもらう制度。研修卒業者の履修後の実態調査も行っている。島根県では兼業農家になった移住者を二年間、月十二万円助成する制度を作っている（『日本農業新聞』二〇一二年七月十七日）。農水省も二〇一二年度から青年就農給付金という制度を発足させている。準備型と経営開始型があり、四十五歳未満で就農をめざす人に対して一人年間百五十万円を支給する。支給期間は準備型は二年、経営開始型は五年になっている。
（9）徳島県中央部に位置する人口一、九〇〇人の町。町の多くが急傾斜地であることから一時はミカンが多く栽培されていたが、自由化で値下がりし、一九八一年の異常寒波で壊滅的な打撃を受けた。標高差を利用した農業を行っていたが、当時農協の営農指導員であった横石知二さんが大阪の「がんこ寿司」で料理の妻物にヒントを受け妻物の葉っぱ出荷を始め、「彩」農業を築く。一九九九年第三セクター（株）いろどりを設立している（笠松和市・中嶋信「山村の未来に挑む」自治体研究社、二〇〇七年十二月）。
（10）一九九四年長野県伊那市のますみが丘に開店した直売所。必要なものはなんでもあるというのが特徴で一万種類は超えるとのこと。生産者が主人公などをモットーにしている。小林史麿『産直はおもしろい―伊那・グリーンファームは地域の元気と雇用をつくる』自治体研究社、二〇一二年八月。

(11) traceability：突きとめるという英語から発生したもので農畜産物の最終消費段階から生産段階までさかのぼって安全性を証明すること。BSE問題で有名になった。

(12) 永田農法（ながたのうほう）とは、永田照喜治（一九二六年～）氏が創始した農法。必要最小限の水と肥料で作物を育てることが特色。

(13) オイシックス株式会社。インターネットなどを通じた一般消費者への特別栽培農産物、無添加加工食品、食材の販売を行っている。二〇〇〇年六月設立（オイシックス、ホームページより）。

(14) 東京・六本木ヒルズに東日本大震災の被災者が実際に住んでいる木造住宅を再現させたイベント。この木造仮設住宅は住田町が約百戸建てたもので、地場産材を使って地元の工務店が建設した。音楽家の坂本龍一さんが主宰するモア・トゥリーズが開催した。

(15) 白神山地は、青森県南西部から秋田県北西部にまたがる一三〇、〇〇〇ヘクタールに及ぶ広大な山地帯の総称。このうち原生的なブナ林で占められている区域一六、九七一ヘクタールが一九九三年十二月に世界遺産として登録された（「青森県庁ホームページ」）。

(16) 白神山地を流れる河川には、青森県側に大川、暗門川、赤石川、追良瀬川、笹内川があり、秋田県側には粕毛川がある。その各河川を分ける尾根沿いに標高一、〇〇〇メートルから一、二〇〇メートル級の山々が連なっている。

(17) 山村留学に関連して差し当たり関係する法律は、旅館業法と食品衛生法である。旅館業法に関連して、農家民宿は農林漁業体験民宿業と言われ、余暇法において施設を設けて人を宿泊させ、農林水産省令で定める農村滞在型余暇活動または農山村・漁村滞在型余暇活動に必要な役務を提供する営業をいうことになっている。旅館業の種類としては簡易宿所営業の許可で認められることになっている。簡易宿所は宿泊定員に応じたトイレと洗面所があれば、浴室、調理室は必ずしも必要ではなく、客室延床面積三十三平方メートル以上あれば要件を満たすこととなる。農家民宿で食事を提供する場合、食品衛生法による「営業許可」が必要であるが、素泊まりまたは宿泊者が自炊する場合、農林漁業者などから郷土料理を教えてもらい、宿泊者が自ら調理する場合は許可は必要なく、農林漁業者が宿泊者に食事を提供する場合のみ許可が必要となっている。

（18）音楽関係者有志が立ち上げたプロジェクト「KESEN ROCK TOKYO（KRT）」から支援を受けて開催が決まった。

まとめにかえて―土倉集落の来し方・行方―

私達が一九九七年に実態調査をし、その報告書の題名を「中山間地における農家実態調査報告」としたのには、『新しい食料・農業・農村政策』(平成四年六月農林水産省)を意識していたのかもしれない。それは「Ⅱ政策の展開方向」の「2農村地域政策」で「(3)中山間地域などに対する取組み」が設けられ「産業の振興と定住条件の整備」が取り上げられていたからである。

報告書のまとめでも、定住にかなりの関心が払われていた。実態調査でそこに大きな関心があった。第Ⅰ部でのインタビューの中でも、定住が底を流れる課題になっていたと言えよう。第Ⅱ部でも表立ったテーマになっていなくとも全体を貫くテーマになっていた。土倉集落がいつかは消滅するかもしれないという不安を常に持ち続けていたように思う。

一九九七年に調査した時、土倉集落の世帯数は十九戸であった(本書12~13ページ参照)。その時、二十歳未満の人は一世帯二人であった。二十歳代は一世帯一人であった。そして三十歳代が一世帯一人であった。つまり土倉の若年層の全体は四人だったのである。

二〇一四年に住田町に行った時、藤井剛君に聞いたところでは、まず、藤井君自身が町役場に就職して土倉に入った。そして、結婚して奥さんが土倉に入った。そしてお子さんが生まれた。さらに藤井君の父母が土倉に帰ってきた。彼のお爺さんが亡くなった。こうして彼の世帯は彼夫婦とお子様、そして父夫婦で五人が増え、お爺さんが亡くなられて四人の増となったのである。

このように土倉の人口は増え現在では、二十歳未満の若年層の子女のいる世帯は六世帯となり、二十歳未満の子女の数は十二人となったのである。これに加えて、新しい世帯が一戸、外部から土倉集落に移住してきた。人口の構成はわれわれの調査の時とは大きく変わったのである。土倉の現在の姿はもはや、消滅が懸念されるものとは一転してしまっているのである。このように集落の姿は決して同じような変化を続けるのではなく、ある時点ではその様相を一転させることも起こりうるわけである。集落自体は生きているものであって、その変化自体がさまざまに変化する可能性をもっているのである。集落の息づかいは長く深いものである。その息づかいを正確に観測し適正な量、適正な期間支援を行うのが行政の役割ではないかと思われる。

さまざまであるといっても、集落はその外界とまったく関係なく、それぞれの力だけで存在しているわけではない。

土倉集落を貫く道路はこの集落の区間だけはよそに比べては広い舗装道路が走っており、その道路は今では遠野と釜石を結ぶ広域道路とつながっている。作物も葉タバコ中心から米に変わり、現在は耕作放棄地も生れてきている。五葉小学校は取り壊わされ、残った体育館は震災ボランティアの集まるところとなったのである。土倉はそれなりに外部とつながり、外部の影響を間違いなく受けているのである。外からの影響を受けつつ、集落としての個性を維持し続けていくことが重要な課題となるであろう。

本来ならば中央政府がそれぞれの集落の個性を参酌して政策を具体化すべきなのであろうが、それを望むのは難しいことかもしれない。「自治体消滅論」のような脅しともとれるようなブルドーザー的な政策が強引に施行される時代には、地域の力で地域の個性を力強いものにしていくことが重要な課題になるであろう。集落には思い、思われている以上の力がある。その力を正確に秤量し、持てる力を適正に発揮していくことがこれからの集落の要になっていくものと思われる。

著者略歴：大須眞治（おおす・しんじ）

中央大学経済学部名誉教授（農業経済学）、『兼業農家の労働と生活社会保障』（共著）中央大学経済研究所叢書12、中央大学経済研究所編、1982年２月、中央大学出版部、『仕事と生活が壊れていく』（共著）新日本出版社、2004年６月、他多数。

源流の集落の息づかい
岩手県住田町土倉をみつめて

2016年６月20日 第１版第１刷 定 価＝2500円＋税
著 者 大 須 眞 治 ©
発行人 相 良 景 行
発行所 ㈲ 時 潮 社
174-0063 東京都板橋区前野町４－62－15
電 話 (03) 5915－9046
FAX (03) 5970－4030
郵便振替 00190－7－741179 時潮社
URL http://www.jichosha.jp
E-mail kikaku@jichosha.jp

印刷・相良整版印刷 製本・仲佐製本

ISBN978-4-7888-0711-2